甘孜州野生观赏植物图册

（上册）

马文宝　王　飞　主　编

河南科学技术出版社
·郑州·

图书在版编目（CIP）数据

甘孜州野生观赏植物图册（上册）/ 马文宝，王飞主编．—郑州：河南科学技术出版社，2021.6

ISBN 978-7-5725-0393-1

Ⅰ．①甘… Ⅱ．①马… ②王… Ⅲ．①野生观赏植物－甘孜－图集 Ⅳ．① Q948.527.12-64

中国版本图书馆 CIP 数据核字 (2021) 第 073067 号

出版发行：河南科学技术出版社

地址：郑州市郑东新区祥盛街27号　　邮编：450016

电话：（0371）65737028　65788613

网址：www.hnstp.cn

策划编辑：陈淑芹　陈　艳

责任编辑：陈　艳

责任校对：梁晓婷

装帧设计：张德琛

责任印制：张艳芳

印　　刷：河南博雅彩印有限公司

经　　销：全国新华书店

开　　本：787mm×1092mm　1/16　　印张：17.75　　字数：430千字

版　　次：2021年6月第1版　2021年6月第1次印刷

定　　价：158.00元

《甘孜州野生观赏植物图册》（上册）
指导委员会

主　任

慕长龙

副主任

代学冬　吴生才

委　员

隆延伦　龚固堂　刘志斌　孟　锐　刘　艳

刘贵英

《甘孜州野生观赏植物图册》（上册）
编写人员名单

主　编

马文宝　王　飞

副主编

杨才斌　喻丁香　姬慧娟　苟天雄　熊　壮

编　者

李大明　朱大海　吴　文　卜晓莉　高　明
张　超　刘　艳　代林利　黄永强　张　兵
熊熙琳　罗　凤　余海清　罗成果　王　峰
吴　洪　帅　伟　王晓琴　刘柿良　欧亚非
陈　娟　谢　辉　何行铭　姜欣华　刘贵英
夏　苗　刘燕云　李元会　文　嫱　孟长来
李　毅　熊　壮　苟天雄　姬慧娟　喻丁香
杨才斌　王　飞　马文宝

编著单位

四川省林业科学研究院　甘孜州道孚国有林保护管理局
华西亚高山植物园　甘孜州道孚县林业和草原局

作者介绍

马文宝，安徽亳州人，1981年10月生，2010年7月博士毕业于南京林业大学生态学专业，同年在四川省林业科学研究院工作，任副研究员，获得第十二批四川省学术和技术带头人后备人选和四川省事业单位脱贫攻坚先进个人记大功荣誉称号。主要在四川省乡土植物（杜鹃花属植物）、珍稀濒危和极小种群植物资源收集、繁育保护技术和乡土植物种苗工厂化生产等方面有一定的研究。主持的科研项目有中央财政林业科技推广示范项目《杜鹃花园林景观应用示范》、国家林草局极小种群野生动植物资源拯救项目《五小叶槭等珍稀植物保护》、四川省科技计划项目（省重）《4种杜鹃花和五小叶槭种子萌发及幼苗生长和生理特性对生物炭－泥炭复合基质的响应机理》等国家和省级科研课题14项，参与了国家重点研发计划“银杏高效栽培与全质化利用示范研究”和“河谷城镇化坡地生态综合治理与景观建设技术试验示范”等10余项，鉴定科技成果7项，其中获得四川省科技进步奖二等奖1项、三等奖3项（主持1项）；选育无患子良种1个；参与制定国家林业行业标准和四川省地方标准7项；授权专利7项；参编专著2部，发表文章45篇，其中SCI文章9篇。

王飞，甘肃省宁县人，1982 年 1 月出生，2006 年获西北农林科技大学植物保护专业学士学位，2014 年获四川农业大学园艺专业在职硕士学位。2006 年至今在中国科学院植物研究所华西亚高山植物园从事杜鹃花属植物的引种保育与分类工作。参编著作有《都江堰生物多样性保护策略与行动计划》《成都市野生植物图谱》《走进横断山杜鹃花》《都江堰市生物多样性小丛书》《卧龙国家级自然保护区高山花卉手册》《四姑娘山杜鹃花》《若尔盖湿地植物科普图集》等。在《生物多样性》《生态学报》《广西植物》等学术期刊发表相关论文 30 余篇，参与申报发明专利 3 项，参与编制四川省地方标准 2 项。主要研究方向为杜鹃属植物资源保育及其分类。

序言

中国西南的甘孜州是全球景观类型、生态系统类型和生物物种最丰富的地区之一，不仅保存大量古老的生物类群，而且演化了众多新物种，是中国原生生态系统保留最完好、自然垂直带最完整以及全球温带生态系统最具代表性的地区。这里既是生物多样性宝库，又是生态安全的重要屏障，已被列为全国和全球生物多样性优先重点保护地区。

甘孜州的野生观赏植物资源异常丰富，具有较高观赏价值的高山野生观赏植物多达数千种（含变种），是世界观赏植物种质资源宝库。甘孜州面积为 15.3 万平方公里，在仅为祖国陆地面积 1.59% 的区域内，已发现记录的高等植物多达 5 223 种，约占全球种数的 1.5%，约占全中国种数的 15%。无论是在甘孜州辽阔的山野，茫茫的草甸，还是在雪山冰缘，每当花开的季节，漫山遍野都是艳丽和灿烂。我们知道对这些野生观赏植物而言，甘孜州就是它们的天堂！在那儿，它们是那样的自由自在，是它们把甘孜州装点得分外妖娆。

为全面贯彻党的十九届五中全会、中央第七次西藏工作座谈会精神，牢固树立“保护好青藏高原生态就是对中华民族生存和发展的最大贡献”的理念，编写组成员长期在甘孜州开展野生观赏植物资源调查和开发利用工作，为了加快甘孜州创建国家生态文明建设示范区和国家全域旅游示范区，于2019年年初开始酝酿该书。

本书立足挖掘甘孜州野生观赏植物资源，把科研成果写在甘孜大地上，借力“野生观赏植物”打响甘孜名片，为打造全国乃至国际生态文明高地贡献力量！本书共收载甘孜州野生观赏植物45科135属251种，描述其主要识别特征及其在甘孜州的分布与生境。

由于编写时间仓促和作者水平有限，书中不足之处企盼读者批评指正。

编者

2021年1月

目　录

第一部分
甘孜藏族自治州自然概况

甘孜藏族自治州自然概况

甘孜藏族自治州（简称甘孜州）地处四川省西部，位于青藏高原东南缘，介于北纬 27° 58′ ~ 34° 20′ 、东经 97° 22′ ~102° 29′ 之间。东部连四川阿坝和雅安，南部与四川凉山、云南迪庆交界，西部隔金沙江与西藏昌都相望，北部与四川阿坝、青海玉树和果洛相邻，全州南北长约 663 km，东西宽约 490 km，总面积 15.3 万 km^2。州府驻康定市，海拔 2 560 m，“三山环抱，二水夹流”，是全州的政治、经济和文化中心，因一曲《康定情歌》而名扬海内外，被誉为情歌的故乡。

【地形地貌】 甘孜州境内地形具有地势高亢、北高南低、中部突起、东南缘深切、山川平行相间、现代冰川发育、地域差异显著等特征。地貌依地势高度、河流切割深度和地表特征分为丘状高原区、高山原区、高山峡（深）谷区三种类型，丘状高原分布于西北部，高山峡谷主要分布于东部，其余大部分为山原地貌。

【山脉】 甘孜州境内主要有沙鲁里山和大雪山两大山脉，山地面积达 12 万 km^2。

沙鲁里山山脉地处甘孜州西部，是金沙江和雅砻江的分水岭，山岭绵延 500 km，山脊海拔多在 5 500 m 以上。

大雪山山脉地处甘孜州东部，是雅砻江和大渡河的分水岭，山岭绵延 300 km，山脊海拔多在 5 000 m 左右，其中贡嘎山主峰海拔 7 556 m，被誉为“蜀山之王”。

【河流】 甘孜州地处长江、黄河的源头地区，长江上游重要的干流金沙江、支流雅砻江和大渡河由北向南纵贯甘孜州西部、中部和东部，总流长 1 739.3 km，总流域面积 15 万 km^2。

【气候】 甘孜州气候垂直带谱大致为：高山永冻带，海拔 4 700 m 以上；高山寒带，4 200~4 700 m；高山亚寒带，3 500~4 200 m；山地寒温带，3 000~3 500 m；山地温带，2 500~3 000 m；山地暖温带，2 000~2 500 m；河谷亚热带，2 000 m 以下。

【植物植被】 甘孜州境内高等植物有 239 科 1 090 属 5 223 种（包括种、亚种、变种、变型），其中：苔藓植物有 43 科 95 属 170 种，蕨类植物有 30 科 61 属 264 种，裸子植物有 10 科 22 属 66 种，被子植物有 156 科 912 属 4 723 种。

甘孜州植被类型较多，主要有高山、亚高山灌丛：海拔 3 800~4 600 m，如杜鹃花（*Rhododendron*）灌丛、香柏（*Sabina pingii* var. *wilsonii*）灌丛等。亚高山针叶林：海拔 2 500~4 200 m，如云杉（*Picea*）林、冷杉（*Abies*）林、圆柏（*Sabina*）林等。

山地硬叶常绿阔叶林：海拔 1 900~4 600 m，如高山栎（*Quercus*）林。

亚高山落叶阔叶林：海拔 2 000~3 800 m，如桦木（*Betula*）林，沙棘（*Hippophae*）林等。

针阔叶混交林：海拔 2 200~3 600 m，如冷杉－云杉－桦木林、铁杉－槭树－桦木林等。

中山针叶林：海拔 2 200~3 500 m，如高山松（*Pinus densata*）林，华山松（*P. armandii*）林等。

常绿与落叶阔叶混交林：海拔 1 600~2 400 m，如包果石砾（*Lithocarpus cleistocarpus*）－桦木（*Betula*）－槭树（*Acer*）林等。

中山常绿阔叶林：海拔 1 600~2 400 m，如包果石栎林、滇青冈（*Cyclobalanopsis glaucoides*）林等。

低山针叶林：海拔 1 300~2 500 m，如云南松（*P. yunnanensis*）林等。

干旱河谷灌丛：海拔 1 100~2 000 m，如多刺灌丛、肉质灌丛等。

全缘叶绿绒蒿 *Meconopsis integrifolia*

慢

贡嘎山

摩岗岭村观大渡河

川滇高山栎林 *Quercus aquifoliodes* Forest

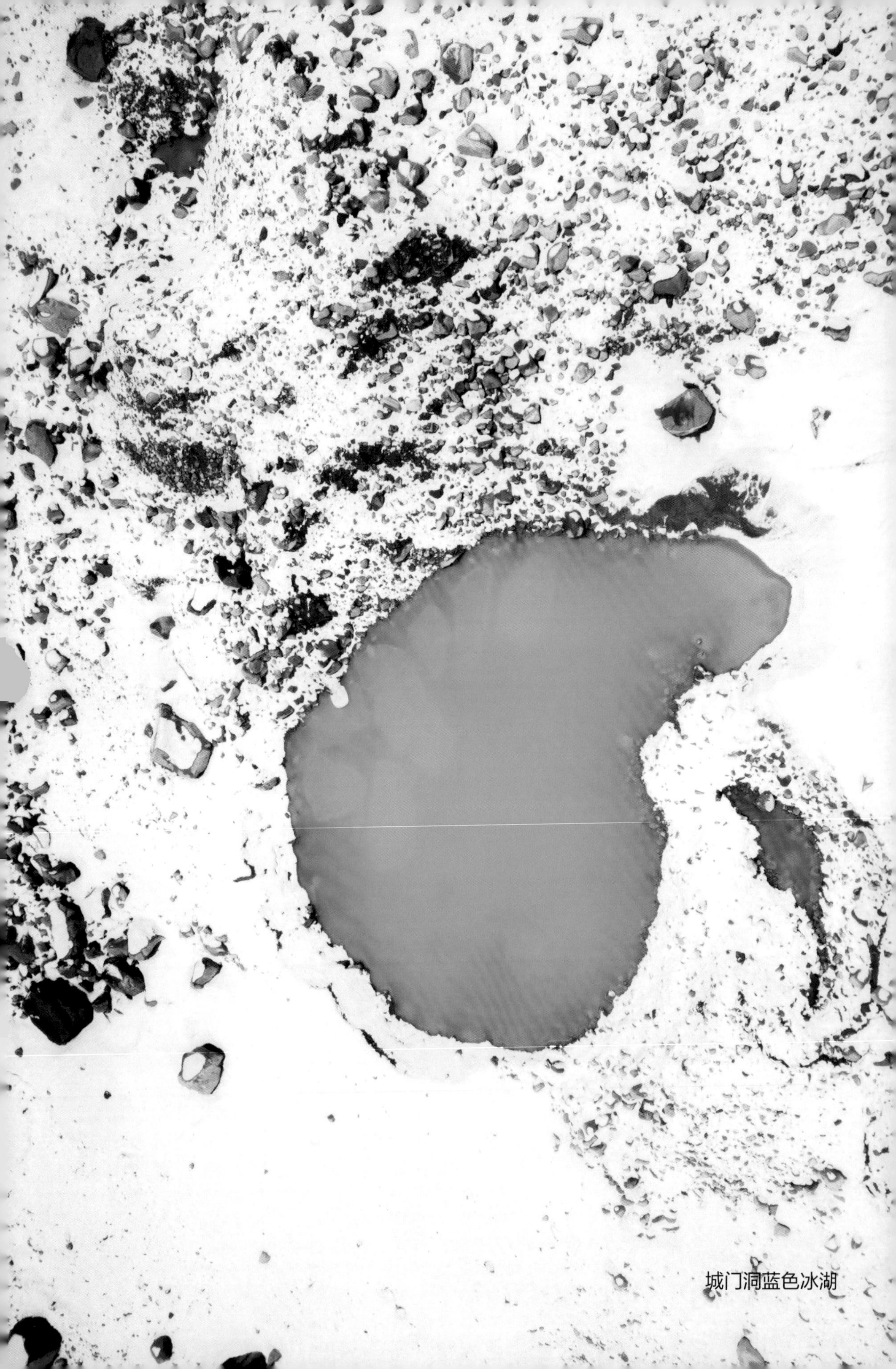

城门洞蓝色冰湖

第二部分
甘孜藏族自治州野生观赏植物

岷江冷杉

Abies faxoniana Rehd.

松科 Pinaceae　冷杉属 *Abies*

识别特征：

乔木；一年生枝淡黄褐色或淡褐色；叶先端有凹缺，边缘微向下卷或不卷，下面有2条白色气孔带；球果卵状椭圆形或圆柱形，熟时深紫黑色，微具白粉；苞鳞上端露出或仅尖头露出，直伸或反曲；花期4~5月，球果10月成熟。

分布与生境：

产康定、泸定、丹巴、雅江、道孚等县（市），生于海拔2 700~3 900 m的高山地带。

紫果云杉

Picea purpurea **Mast.**
松科 Pinaceae　云杉属 *Picea*

识别特征：

一年生枝密生柔毛；叶扁四棱状条形，横切面扁菱形，下（背）面先端呈明显的斜方形，常无气孔线，或个别之叶有 1~2 条不完整的气孔线；球果紫黑色或淡红紫色，长 2.5~4.0（~6.0）cm；花期 4 月，球果 10 月成熟。

分布与生境：

产康定、白玉等县（市），生于海拔 2 600~3 800 m，常见于气候寒凉、山地棕色森林土的阴坡地带。

铁杉

Tsuga chinensis (Franch.) Pritz.

松科 Pinaceae　铁杉属 *Tsuga*

识别特征：

叶条形，排成不规则两列，先端钝圆凹缺；球果卵圆形或长卵圆形；中部种鳞五边状卵形、近方形或近圆形，鳞背露出部分和边缘无毛，有光泽；苞鳞短，先端2裂；花期4月，球果10月成熟。

分布与生境：

产康定、泸定、丹巴、九龙等县（市），生于海拔1 500~3 200 m地带。

圆柏

Juniperus chinensis **Linnaeus**

柏科 Cupressaceae　圆柏属 *Sabina*

识别特征：

叶二型；刺叶生于幼树之上，老龄树则全为鳞叶，壮龄树兼有刺叶与鳞叶；鳞叶三叶轮生，直伸而紧密，背面近中部有椭圆形微凹的腺体；刺叶三叶交互轮生，斜展疏松，上面有 2 条白粉带；球果近圆球形，被白粉。

分布与生境：

产康定、泸定等县（市），生于海拔 1 700 m 以下。

圆穗蓼

***Polygonum macrophyllum* D. D**

蓼科 Polygonaceae　蓼属 *Polygonum*

识别特征：

多年生草本；基生叶长圆形或披针形，基部近心形，茎生叶狭披针形或线形；托叶鞘筒状，顶端偏斜，无缘毛；总状花序呈短穗状，长1.5~2.5 cm；花被片淡红色或白色；瘦果；花期7~8月，果期9~10月。

分布与生境：

广布甘孜州各县（市），生于海拔2 600~4 700 m 的灌丛中或草地上。

珠芽蓼

Polygonum viviparum **L.**

蓼科 Polygonaceae　蓼属 *Polygonum*

识别特征：

多年生草本；基生叶长圆形或卵状披针形，茎生叶披针形，近无柄；托叶鞘筒状，下部绿色，上部褐色，偏斜，无缘毛；总状花序呈穗状，顶生，具珠芽；花被 5 深裂，白色或淡红色；瘦果；花期 5~7 月，果期 7~9 月。

分布与生境：

广布甘孜州各县（市），生于海拔 2 500~4 800 m 的灌丛中或草地上。

苞叶大黄

Rheum alexandrae **Batal.**

蓼科 Polygonaceae　大黄属 *Rheum*

识别特征：

多年生高大草本，高 40~80 cm；下部叶卵形、倒卵状椭圆形，两面均无毛，上部叶及叶状苞片较窄，小叶片长卵形；花序总状；花簇生，花被（4~5）~6，基部合生成杯状；果实菱状椭圆形；花期 6~7 月，果期 9 月。

分布与生境：

产康定、泸定、九龙、理塘、稻城、乡城、道孚、甘孜、新龙等县（市），生于海拔 3 400~4 500 m 的林内、灌丛中、草地上或河沟边。

小大黄

***Rheum pumilum* Maxim.**

蓼科 Polygonaceae　大黄属 *Rheum*

识别特征：

多年生草本，高 10~25 cm；基生叶片卵状椭圆形或长椭圆形，基部浅心形；托叶鞘短，干后膜质，常破裂，无毛；窄圆锥状花序，关节在基部；花被片椭圆形或宽椭圆形，边缘紫红色；果实三角形或角状卵形；花期 6~7 月，果期 8~9 月。

分布与生境：

产泸定、理塘、稻城、德格、石渠、色达等县，生于海拔 3 900~4 500 m 的灌丛中、草地上或河沟。

尼泊尔酸模

***Rumex nepalensis* Spreng.**

蓼科 Polygonaceae　酸模属 *Rumex*

识别特征：

多年生草本；基生叶长圆状卵形，基部心形；茎生叶卵状披针形；托叶鞘膜质；花序圆锥状；花两性；花梗中下部具关节；内花被片果时增大，宽卵形，边缘每侧具 7~8 刺状齿，顶端成钩状，一部分或全部具小瘤；瘦果，具 3 锐棱；花期 4~5 月，果期 6~7 月。

分布与生境：

广布甘孜州各县（市），生于海拔 1 700~4 100 m 的灌丛中、草地上、林内或河沟边。

密生福禄草

Arenaria densissima Wall. ex Edgew et Hook. f.

石竹科 Caryophyllaceae　无心菜属 ***Arenaria***

识别特征：

多年生垫状草本；茎高 4~5 cm，分枝极密；叶密生，钻形，长 5~10 mm，上面具凹槽；花单生枝端；萼片 5，椭圆形或卵形；花瓣白色，狭匙形或匙形；雄蕊 10；花柱 3；蒴果卵形；花果期 6~8 月。

分布与生境：

产德格、乡城、稻城等县，生于海拔 3 600~5 250 m 的高山草甸和流石滩。

青藏雪灵芝

Arenaria roborowskii Maxim.

石竹科 Caryophyllaceae　无心菜属 *Arenaria*

识别特征：

多年生垫状草本；叶片针状线形，边缘狭膜质，疏生缘毛；花单生；花梗长5~10 mm，无毛；萼片5，披针形，基部较宽，边缘狭膜质，具1~3脉；花瓣5，白色，基部楔形；雄蕊10，花药黄色；花柱3；花期7~8月。

分布与生境：

产九龙、炉霍、色达等县，生于海拔4 200~5 100 m的高山草甸和流石滩。

隐瓣蝇子草

***Silene gonosperma* (Rupr.) Bocquet**

石竹科 Caryophyllaceae　蝇子草属 *Silene*

识别特征：

多年生草本；基生叶片线状倒披针形；茎生叶 1~3 对；花单生，稀 2~3 朵，俯垂；花萼狭钟形，具 10 条紫色纵脉，脉端不连合，膜质；花瓣暗紫色，内藏，爪具耳，瓣片凹缺或浅 2 裂；花柱 5；蒴果，10 齿裂；种子压扁，脊连翅；花期 6~7 月，果期 8 月。

分布与生境：

产德格、色达等县，生于海拔 1 600~4 400 m 的高山草甸。

垫状蝇子草

Silene kantzeensis **C. L. Tang**

石竹科 Caryophyllaceae　蝇子草属 *Silene*

识别特征：

多年生垫状草本；高 4~8 cm；基生叶片倒披针状线形，两面无毛；花单生，花梗长 15~20 mm，密被短柔毛；花萼狭钟形或筒状钟形，暗紫色，被紫色腺毛；花瓣淡紫色或淡红色，爪具耳；蒴果圆柱形或圆锥形，微长于宿存萼；花期 7~8 月，果期 9~10 月。

分布与生境：

产康定、雅江、理塘、乡城、道孚、德格等县（市），生于海拔 4 000~4 700 m 的草地上或流石滩。

光叶木兰

Magnolia dawsoniana **Rehd. et Wils.**

木兰科 Magnoliaceae　木兰属 ***Magnolia***

识别特征：

落叶乔木；叶倒卵形或椭圆状倒卵形，长超过宽2倍，上面绿色，有光泽，叶下面无毛或仅脉上稍被毛；花先叶开放，近平展；花被片9~12，白色或淡红色，狭长圆状匙形或倒卵状长圆形，先端圆钝或微凹；花期4~5月，果期9~10月。

分布与生境：

产康定、泸定、九龙等县（市），生于海拔1 900~2 500 m的林内。

西康玉兰

***Magnolia wilsonii* (Finet et Gagn) Rehd.**

木兰科 Magnoliaceae　木兰属 *Magnolia*

识别特征：

落叶乔木；小枝紫红色或紫褐色；叶互生，中部以下最宽，下面密被银灰色平伏长柔毛；托叶痕几达叶柄；花与叶同时开放，白色，花梗下垂；花被片 9（~12），外轮 3 片与内两轮近等大，宽匙形或倒卵形；花期 5~6 月，果期 9~10 月。

分布与生境：

产康定、泸定等县（市），生于海拔 1 800~3 300 m 的林内或灌丛中。

红花五味子

Schisandra rubriflora **(Franch). Rehd. et Wils.**

木兰科 Magnoliaceae　五味子属 ***Schisandra***

识别特征：

落叶木质藤本；叶倒卵形，椭圆状倒卵形或倒披针形；花红色，花被片 5~8；雄蕊群椭圆状倒卵圆形或近球形，雄蕊 40~60，下部雄蕊的花丝长 2~4 mm；聚合果轴粗壮，直径 6~10 cm，小浆果红色；花期 5~6 月，果期 7~10 月。

分布与生境：

产康定、泸定、九龙等县（市），生于海拔 1 800~2 900 m 的林内或灌丛中。

展毛银莲花

Anemone demissa Hook. f. et Thomson
毛茛科 Ranunculaceae **银莲花属** *Anemone*

识别特征：

多年生草本；基生叶5~13，卵形，长3~4 cm，基部心形，3全裂，中裂片菱状宽卵形，3深裂，深裂片浅裂，末回裂片卵形，侧全裂片较小，卵形，不等3深裂；花莛1~2（~3）；苞片无柄；萼片5~6，蓝色或紫色；瘦果扁平；6~7月开花。

分布与生境：

产康定、泸定、九龙、德格、丹巴、雅江、巴塘、道孚、新龙等县（市），生于海拔1 700~4 700 m的林内、灌丛中、草地上或流石滩。

草玉梅

Anemone rivularis **Buch.-Ham.**

毛茛科 Ranunculaceae　银莲花属 *Anemone*

识别特征：

多年生草本；植株高 10~65 cm；基生叶 3~5，肾状五角形，3 全裂，中全裂片宽菱形或菱状卵形，3 深裂，深裂片上部有少数小裂片和牙齿，侧全裂片不等 2 深裂；聚伞花序，2~3 回分枝；苞片有柄；萼片外面有疏柔毛；花柱拳卷；5~8 月开花。

分布与生境：

广布甘孜州各县（市），生于海拔 1 900~4 200 m 的林内、灌丛中或草地上。

大火草

Anemone tomentosa (Maxim.) Pei

毛茛科 Ranunculaceae　银莲花属 *Anemone*

识别特征：

多年生草本；植株高 40~150 cm；基生叶 3~4，3 出复叶，小叶片卵形至三角状卵形，3 浅裂至 3 深裂，边缘有不规则小裂片和锯齿，背面密被白色绒毛；萼片 5，淡粉红色或白色；心皮 400~500，子房密被绒毛；7~10 月开花。

分布与生境：

产康定、丹巴、道孚、德格等县（市），生于海拔 1 900~3 500 m 的林内、灌丛中或河沟边。

无距耧斗菜

Aquilegia ecalcarata Maxim.

毛茛科 **Ranunculaceae**　**耧斗菜属** ***Aquilegia***

识别特征：

多年生草本；茎 1~4 条，高 20~80 cm；2 回 3 出复叶，中央小叶楔状倒卵形至扇形，3 深裂或浅裂，裂片有 2~3 个圆齿，侧面小叶斜卵形，不等 2 裂；萼片紫色，长 1.0~1.4 cm；花瓣直立，无距；5~6 月开花，6~8 月结果。

分布与生境：

广布甘孜州各县（市），生于海拔 2 400~4 000 m 的林内、灌丛中或草地上。

驴蹄草

***Caltha palustris* L.**

毛茛科 Ranunculaceae　驴蹄草属 *Caltha*

识别特征：

多年生草本；茎高（10~）20~48 cm；叶基生并茎生，圆形、圆肾形或心形，顶端圆形，基部深心形，边缘全部密生正三角形小牙齿；单歧聚伞花序，花 2；萼片 5，倒卵形或狭倒卵形，黄色；心皮（5~）7~12，无柄；5~9 月开花。

分布与生境：

广布甘孜州各县（市），生于海拔 3 000~4 200 m 的林内、灌丛中或草地上。

薄叶铁线莲

Clematis gracilifolia Rehd. et Wils.

毛茛科 Ranunculaceae　铁线莲属 *Clematis*

识别特征：

藤本；3 出复叶至 1 回羽状复叶，有 3~5 小叶，数叶与花簇生，或为对生，小叶片边缘有缺刻状锯齿或牙齿；花 1~5 朵与叶簇生；萼片 4，白色或外面带淡红色；雄蕊无毛；瘦果无毛，宿存花柱长 1.5~2.5 cm；花期 4~6 月。

分布与生境：

广布甘孜州各县（市），生于海拔 2 200~4 000 m 的林内、灌丛中或河谷边。

蓝翠雀花

Delphinium caeruleum Jacq. ex Camb.

毛茛科 Ranunculaceae　翠雀属 *Delphinium*

识别特征：

多年生草本；茎高 8~60 cm；叶基生并茎生，近圆形，3 全裂，中央全裂片菱状倒卵形，末回裂片线形，侧全裂片扇形，2~3 回细裂；伞房花序常呈伞状，有 1~7 朵花；萼片紫蓝色，距钻形；退化雄蕊蓝色；心皮 5；7~9 月开花。

分布与生境：

产康定、巴塘、乡城、新龙、德格、雅江、理塘、炉霍、白玉等县（市），生于海拔 3 700~4 500 m 的灌丛中、草地上、河滩地或流石滩。

独叶草

Kingdonia uniflora **Balf.f. et W. W. Sm**

毛茛科 Ranunculaceae　独叶草属 *Kingdonia*

识别特征：

多年生草本；基生叶 1，心状圆形，掌状全裂，中、侧全裂片 3 浅裂，最下面的全裂片不等 2 深裂，顶部边缘有小牙齿；叶脉二叉状分枝；萼片（4~）5~6（~7），淡绿色；退化雄蕊存在；瘦果扁；5~6 月开花。

分布与生境：

产泸定、九龙等县，生于海拔 2 500~3 500 m 的林内或灌丛中。

鸦跖花

Oxygraphis glacialis (Fisch.) Bunge

毛茛科 Ranunculaceae **鸦跖花属** *Oxygraphis*

识别特征：

多年生草本；植株高 2~9 cm；叶卵形、倒卵形至椭圆状长圆形，宽 5~25 mm，全缘，3 出脉，有软骨质边缘；花莛 1~3(~5)，花单生；萼片近革质，果后增大，宿存；花瓣 10~15，橙黄色或表面白色；花果期 6~8 月。

分布与生境：

广布甘孜州各县(市)，生于海拔 3 300~5 200 m 的林内、灌丛中、草地上或流石滩。

川赤芍

Paeonia veitchii **Lynch**
毛茛科 Ranunculaceae　芍药属 *Paeonia*

识别特征：

多年生草本；茎高 30~80 cm；2 回 3 出复叶，叶宽卵形，小叶羽状分裂，裂片窄披针形至披针形，全缘；萼片 4，宽卵形；花瓣 6~9，紫红色或粉红色；花盘肉质，仅包裹心皮基部；心皮密生黄色绒毛；花期 5~6 月，果期 7 月。

分布与生境：

广布甘孜州各县（市），生于海拔 2 500~3 700 m 的林内、灌丛中或草地上。

高原毛茛

Ranunculus tanguticus **(Maxim.) Ovcz.**

毛茛科 Ranunculaceae　毛茛属 *Ranunculus*

识别特征：

多年生草本；茎直立或斜升，高 10~30 cm；叶片圆肾形或倒卵形，3 出复叶，基生叶 2~3 回，3 全裂或深、中裂，茎生叶 3~5 裂；花瓣 5，倒卵形，基部有窄长爪，蜜槽点状；瘦果卵球形，喙长 0.5~1.0 mm；花果期 6~8 月。

分布与生境：

广布甘孜州各县（市），生于海拔 2 500~4 600 m 的林内、灌丛中、草地上或河沟边。

直梗高山唐松草

Thalictrum alpinum **L. var.** ***elatum*** **Ulbr.**

毛茛科 Ranunculaceae　唐松草属 ***Thalictrum***

识别特征：

多年生草本；植株全部无毛；叶基生，2 回羽状 3 出复叶，小叶圆菱形、菱状宽倒卵形或倒卵形，宽 10~20 mm，3 浅裂；花莛高 25~38 cm；花梗向上直展；瘦果基部不变细成柄。

分布与生境：

广布甘孜州各县（市），生于海拔 2 500~4 300 m 的林内、灌丛中或草地上。

高原唐松草

Thalictrum cultratum **Wall.**

毛茛科 Ranunculaceae　唐松草属 *Thalictrum*

识别特征：

多年生草本；茎高 50~120 cm；3~4 回羽状复叶，1 回羽片 4~6 对，小叶菱状倒卵形、宽菱形或近圆形，3 浅裂，裂片全缘或有 2 小齿，叶背常有白粉；圆锥花序；萼片 4，绿白色；花丝丝形；柱头有狭翅；瘦果扁，半倒卵形；6~7 月开花。

分布与生境：

广布甘孜州各县（市），生于海拔 3 000~4 000 m 的林内、灌丛中或草地上。

偏翅唐松草

Thalictrum delavayi Franch.

毛茛科 Ranunculaceae　唐松草属 *Thalictrum*

识别特征：

多年生草本；植株全部无毛，茎高60~200 cm；3~4 回羽状复叶；顶生小叶圆卵形、倒卵形或椭圆形，小叶 3 浅裂或 1~3 齿；圆锥花序；萼片淡紫色；花丝近丝形；心皮 15~22；瘦果扁，斜倒卵形，沿腹棱和背棱有狭翅；花期 6~9 月。

分布与生境：

产康定、泸定、九龙、稻城、乡城、得荣、道孚、新龙、石渠、雅江、理塘、巴塘等县（市），生于海拔 1 600~3 600 m 的林内、灌丛中或河沟边。

毛茛状金莲花

Trollius ranunculoides Hemsl.

毛茛科 Ranunculaceae **金莲花属** *Trollius*

识别特征：

多年生草本；茎 1~3 条，高 6~18（~30）cm，不分枝；叶圆五角形或五角形，3 全裂，各回裂片近邻接；萼片黄色，干时稍变绿色，长 1.0~1.5 cm，脱落；花单独顶生；花瓣比雄蕊稍短；5~7 月开花，8 月结果。

分布与生境：

广布甘孜州各县（市），生于海拔 2 900~5 600 m 的林内、灌丛中、草地上或流石滩。

桃儿七

Sinopodophyllum hexandrum **(Royle) Ying**

小檗科 Berberidaceae　桃儿七属 ***Sinopodophyllum***

识别特征：

多年生草本；植株高 20~50 cm；叶 2，基部心形，3~5 深裂几达中部，裂片不裂或有时 2~3 小裂，背面被柔毛，边缘具粗锯齿；花大，单生，先叶开放，粉红色；花瓣 6，倒卵形或倒卵状长圆形；浆果卵圆形；花期 5~6 月，果期 7~9 月。

分布与生境：

广布甘孜州各县（市），生于海拔 2 800~4 200 m 的林内、灌丛中、草地上或河沟边。

猫儿屎

Decaisnea insignis (Griff.) Hook. f. et Thoms.
木通科 Lardizabalaceae　**猫儿屎属** *Decaisnea*

识别特征：

落叶灌木；冬芽大，卵形，鳞片被小疣凸；奇数羽状复叶，无托叶；叶柄基部具关节；小叶对生，13~25；总状花序腋生或顶生的圆锥花序；萼片6，花瓣状，2轮，近覆瓦状排列；肉质蓇葖果；花期4~6月，果期7~8月。

分布与生境：

产康定、泸定、九龙等县（市），生于海拔1 800~2 600 m的林内、灌丛中或河沟边。

宝兴马兜铃

***Aristolochia moupinensis* Franch.**

马兜铃科 Aristolochiaceae　马兜铃属 *Aristolochia*

识别特征：

木质藤本；叶卵形或卵状心形，上面疏生灰白色糙伏毛，下面密被黄棕色长柔毛；基出脉 5~7 条；花梗近基部向下弯垂；花被管中部急遽弯曲而略扁，檐部盘状，边缘浅 3 裂；合蕊柱顶端 3 裂；花期 5~6 月，果期 8~10 月。

分布与生境：

产康定市、泸定县，生于海拔 1 600~3 700 m 的林内、灌丛中或草地上。

曲花紫堇

Corydalis curviflora **Maxim.**

罂粟科 Papaveraceae　紫堇属 *Corydalis*

识别特征：

无毛草本；高 7~50 cm；茎不分枝；基生叶圆形或肾形，3 全裂，全裂片 2~3 深裂；茎生叶掌状全裂；总状花序；花瓣淡蓝色、淡紫色或紫红色；距圆筒形，下花瓣常具爪；柱头 2 裂，具 6 个乳突；蒴果线状长圆形；花果期 5~8 月。

分布与生境：

广布甘孜州各县（市），生于海拔 1 500~4 200 m 的林内、灌丛中或草地上。

迭裂黄堇

***Corydalis dasyptera* Maxim.**

罂粟科 Papaveraceae 紫堇属 *Corydalis*

识别特征：

多年生草本；主根粗大；基生叶数枚，长圆形，1 回羽状复叶，羽片 5~7 对；总状花序密集；花污黄色；上花瓣鸡冠状突起延伸至距中部；距约与瓣片等长，圆筒形；柱头扁四方形，顶端 2 裂，具 2 短柱状突起；蒴果下垂。

分布与生境：

产德格、石渠、色达等县，生于海拔 3 400~4 800 m 的林内、草地上或流石滩。

钩距黄堇

***Corydalis hamata* Franch.**

罂粟科 Papaveraceae　紫堇属 *Corydalis*

识别特征：

多年生草本；根状茎粗短；基生叶数枚，长圆形，2 回羽状复叶，羽片 9~11；基生叶与茎生叶具短柄或无柄；总状花序近穗状，20~40 朵花，密集，黄褐色或污黄色；柱头具 8 乳突；蒴果披针形；种子具小突起；花果期 7~9 月。

分布与生境：

产康定、乡城、炉霍、甘孜、德格、色达、道孚等县（市），生于海拔 3 000~4 800 m 的草地上、流石滩或河沟边。

浪穹紫堇

Corydalis pachycentra **Franch.**
罂粟科 Papaveraceae 紫堇属 ***Corydalis***

识别特征：

多年生粗壮草本；茎不分枝；基生叶近圆形；茎生叶着生叶中部，无柄，掌状 5~11 深裂；总状花序，有 4~8 朵花；花瓣蓝色或蓝紫色，下花瓣下部呈浅囊状，上花瓣片和距均上翘；蒴果椭圆状；花果期 5~9 月。

分布与生境：

产康定、泸定、九龙、雅江、稻城、乡城、道孚、甘孜、德格等县（市），生于海拔 2 700~4 300 m 的林内、灌丛中或草地上。

苣叶秃疮花

Dicranostigma lactucoides **Hook. f. et Thoms**
罂粟科 Papaveraceae　秃疮花属 *Dicranostigma*

识别特征：

草本，高 15~60 cm；基生叶丛生，大头羽状浅裂或深裂，裂齿呈粗齿状浅裂或基部裂片不分裂，背面具白粉；茎生叶不抱茎；萼片 2；花瓣橙黄色；子房狭卵圆形，被淡黄色短柔毛；蒴果圆柱形；花果期 6~8 月。

分布与生境：

产色达、甘孜等县，生于海拔 3 400~4 000 m 的石坡或岩屑坡。

秃疮花

***Dicranostigma leptopodum* (Maxim.) Fedde**

罂粟科 Papaveraceae　秃疮花属 *Dicranostigma*

识别特征：

两年生或短期多年生草本；基生叶丛生，羽状深裂，裂片 4~6 对，裂片再次羽状深裂或浅裂；萼片 2，无毛或被短柔毛；花瓣黄色；雄蕊多数；子房密被疣状短毛；柱头 2 裂；蒴果线形；花期 3~5 月，果期 6~7 月。

分布与生境：

产康定、道孚、泸定、丹巴等县（市），生于海拔 1 800~3 000 m 的林内或草地上。

细果角茴香

Hypecoum leptocarpum **Hook. f. et Thoms.**
罂粟科 Papaveraceae　角茴香属 *Hypecoum*

识别特征：

一年生草本；基生叶近莲座状，2 回羽状全裂，裂片 4~9 对，宽卵形或卵形，羽状深裂，小裂片披针形、卵形、狭椭圆形至倒卵形；二歧聚伞花序；花瓣淡紫色；蒴果直立，节裂，种子卵形，具小疣状突起；花果期 6~9 月。

分布与生境：

产康定、雅江、理塘、巴塘、道孚、甘孜、德格、石渠、稻城等县（市），生于海拔 3 000~4 500 m 的林内、草地上、河沟边或流石滩。

川西绿绒蒿

Meconopsis henrici **Bur. et Franch.**

罂粟科 Papaveraceae　绿绒蒿属 *Meconopsis*

识别特征：

一年生草本；叶全部基生，边缘全缘或波状，两面被黄褐色、卷曲的硬毛；花 1（~11）；花瓣 5~9，深蓝紫色或紫色；花丝上部 1/3 丝状，下部 2/3 突然扩大成条形，与花瓣同色；蒴果椭圆状长圆形或狭倒卵珠形，4~6 瓣裂；花果期 6~9 月。

分布与生境：

产康定、雅江、道孚、德格等县（市），生于海拔 3 200~5 500 m 的灌丛中、草地上或流石滩。

长叶绿绒蒿

***Meconopsis lancifolia* (Franch.) Franch. ex Prain**

罂粟科 Papaveraceae　绿绒蒿属 *Meconopsis*

识别特征：

一年生草本；植株高 8~25 cm；叶倒披针形、匙形、倒卵形、椭圆状披针形至狭倒披针形，全缘，两面无毛或被黄褐色卷曲硬毛；花瓣 4~8，紫色或蓝色；花柱长 1~2 mm，淡黄色；蒴果无毛或被黄褐色硬毛，3~5 瓣裂；花果期 6~9 月。

分布与生境：

产康定、稻城、乡城、炉霍、德格、理塘等县（市），生于海拔 3 200~4 900 m 的林内、草地上或流石滩。

尼泊尔绿绒蒿

Meconopsis napaulensis **DC.**

罂粟科 Papaveraceae　绿绒蒿属 *Meconopsis*

识别特征：

一年生草本；植株高 60~120 cm；叶密集丛生，基生叶披针形至披针状椭圆形，全缘或羽状全裂；总状圆锥花序；花下垂，紫色至酒红色；花丝与花瓣同色；柱头深绿色；蒴果长圆形或椭圆状长圆形，5~8 瓣裂；花果期 6~9 月。

分布与生境：

产得荣县，生于海拔 3 000~4 000 m 的草地上或灌丛中。

红花绿绒蒿

Meconopsis punicea **Maxim.**

罂粟科 Papaveraceae　绿绒蒿属 *Meconopsis*

识别特征：

多年生草本；叶全部基生，莲座状，全缘，两面密被淡黄色或棕褐色、具多短分枝的刚毛；花莛 1~6，花单生于基出花莛上；花瓣 4（~6），深红色；蒴果椭圆状长圆形，无毛或密被淡黄色、具分枝的刚毛，4~6 瓣裂；花果期 6~9 月。

分布与生境：

产炉霍、德格、石渠、色达、甘孜等县，生于海拔 3 400~4 300 m 的草地上或灌丛中。

总状绿绒蒿

Meconopsis racemosa Maxim.
罂粟科 Papaveraceae **绿绒蒿属** *Meconopsis*

识别特征：

一年生草本；植株高 20~50 cm；叶边缘全缘或波状，被黄褐色或淡黄色平展或紧贴的刺毛；单生总状花序，具花多至 14 朵；花瓣 5~8，天蓝色或蓝紫色；蒴果卵形或长卵形，密被刺毛，4~6 瓣裂；花果期 5~11 月。

分布与生境：

产康定、九龙、雅江、稻城、乡城、道孚、甘孜、德格等县（市），生于海拔 3 000~4 000 m 的林内或草地上。

宽叶绿绒蒿

Meconopsis rudis **(Prain) Prain**

罂粟科 Papaveraceae　绿绒蒿属 *Meconopsis*

识别特征：

一年生草本；植株常高 20~45 cm；叶全部基生，椭圆形至椭圆状至披针形，背面具稀疏的紫黑色刚毛；总状花序；花梗被稀疏刚毛；花瓣 5~7（~8），蓝色、紫色或紫蓝色，偶有淡蓝色或粉红色、紫色；蒴果 4~6 瓣裂；花果期 6~9 月。

分布与生境：

产稻城、理塘、乡城等县，生于海拔 3 400~4 800 m 的草坡、石坡。

全缘叶绿绒蒿

***Meconopsis integrifolia* (Maxim.) French.**

罂粟科 Papaveraceae　绿绒蒿属 *Meconopsis*

识别特征：

一年生草本；植株高 60~120 cm，被锈色和金黄色长柔毛；基生叶莲座状，其间常混生鳞片状叶；花常 4~5 朵；花瓣 6~8，黄色或稀白色；蒴果宽椭圆状长圆形至椭圆形，被金黄色或褐色长硬毛，4~9 瓣裂；花果期 5~11 月。

分布与生境：

广布甘孜州各县（市），生于海拔 2 700~5 500 m 的林内、灌丛中、草地上、河沟边或流石滩。

长鞭红景天

Rhodiola fastigiata **(HK. f. et Thoms.) S. H. Fu**

景天科 Crassulaceae　红景天属 *Rhodiola*

识别特征：

多年生草本；根茎长 50 cm，鳞片三角形；花茎 4~10 条；叶互生，密集，线状长圆形、线状披针形、椭圆形至倒披针形；花序伞房状，密生；花瓣 5，红色；雄蕊 10；心皮 5，直立；蓇葖果；花期 6~8 月，果期 9 月。

分布与生境：

产康定、泸定、九龙、稻城、道孚、德格、白玉等县（市），生于海拔 3 000~5 000 m 的林内、灌丛中、草地上或流石滩。

宽萼景天

Sedum platysepalum **Franch.**

景天科 Crassulaceae　景天属 *Sedum*

识别特征：

一年生或二年生草本；茎自基部多分枝；叶互生，线形至线状披针形，有宽距；花序密伞房状，花多数；萼片有距，宽 1.5~2.5 mm；花瓣黄色，长 6.5~7.5 mm，先端有短突尖头，基部稍狭而合生 0.8~1.3 mm；雄蕊 10；花期 10 月。

分布与生境：

产稻城县，生于海拔 3 200~4 000 m 的林内或岩石上。

落新妇

***Astilbe chinensis* (Maxim.) Franch. et Savat.**

虎耳草科 Saxifragaceae　落新妇属 *Astilbe*

识别特征：

多年生草本；基生叶为 2~3 回 3 出羽状复叶，小叶先端短渐尖至急尖，边缘有重锯齿；圆锥花序，宽 3~4（~12）cm，第 1 回分枝常与花序轴成 15~30 度角；花序轴密被褐色卷曲长柔毛；花密集；蒴果；花果期 6~9 月。

分布与生境：

产康定、九龙等县（市），生于海拔 2 300~2 800 m 的林内或灌丛中。

短柱梅花草

Parnassia brevistyla **(Brieg.) Hand.-Mazz.**

虎耳草科 Saxifragaceae　梅花草属 *Parnassia*

识别特征：

多年生草本；基生叶卵状心形或卵形；茎生叶与基生叶同形，基部有铁锈色附属物；花单生于茎顶；花瓣白色，具爪；花药药隔连合并伸长呈匕首状；退化雄蕊3浅裂，中间裂片窄，为两侧裂片宽度的1/3；花柱短；花期7~8月，果期9月。

分布与生境：

广布甘孜州各县（市），生于海拔3 000~4 300 m的林内、灌丛中、草地上或河滩地。

三脉梅花草

Parnassia trinervis **Drude**

虎耳草科 Saxifragaceae　梅花草属 *Parnassia*

识别特征：

多年生草本；植株高 7~20（~30）cm；基生叶长圆形、长圆状披针形或卵状长圆形；叶柄长 8~15 mm；茎生叶 1，与基生叶同形；花单生于茎顶；萼片外面具明显 3 脉；花瓣白色，具爪，3 脉；退化雄蕊 5；子房半下位；花期 7~8 月，果期 9 月。

分布与生境：

产康定、稻城、道孚、德格、理塘等县（市），生于海拔 3 100~4 500 m 的灌丛中或草地上。

冰川茶藨子

Ribes glaciale **Wall.**

虎耳草科 Saxifragaceae　茶藨子属 *Ribes*

识别特征：

灌木；雌雄异株；叶长卵圆形，稀近圆形，掌状 3~5 裂，无毛或疏生腺毛；雌雄异株，雄花序具花 10~30 朵，雌花序具花 4~10 朵；花萼褐红色，外面无毛；花瓣近扇形或楔状匙形，短于萼片；果实红色；花期 4~6 月，果期 7~9 月。

分布与生境：

广布甘孜州各县（市），生于海拔 2 500~4 300 m 的林内、灌丛中或河沟边。

黑蕊虎耳草

Saxifraga melanocentra **Franch.**

虎耳草科 Saxifragaceae **虎耳草属** *Saxifraga*

识别特征：

多年生草本；叶均基生，卵形、菱状卵形至长圆形，边缘具圆齿状锯齿和腺睫毛；花序伞房状，具 2~17 朵花；花瓣白色，基部具 2 黄色斑点，或基部红色至紫红色；花药黑色；2 心皮黑紫色；花果期 7~9 月。

分布与生境：

产康定、稻城、乡城、德格、石渠、雅江、理塘、得荣、甘孜、白玉等县（市），生于海拔 3 500~5 500 m 的灌丛中、草地上、河沟边或流石滩。

豹纹虎耳草

Saxifraga pardanthina **Hand.-Mazz.**

虎耳草科 Saxifragacea　虎耳草属 *Saxifraga*

识别特征：

多年生草本；茎中部以下无毛；叶边缘和背面具褐色长腺毛；聚伞花序，具9~11朵花；萼片在花期反曲，边缘和背面具黑色短腺毛，3脉；花瓣紫红色，具黑紫色斑点，卵形，基部心形，无爪，4~5脉，无痂体；花果期7~9月。

分布与生境：

产乡城县，生于海拔3 050~3 900 m的混交林下、高山草甸或岩坡石隙。

唐古特虎耳草

Saxifraga tangutica **Engl.**

虎耳草科 Saxifragaceae　虎耳草属 *Saxifraga*

识别特征：

多年生草本；丛生；基生叶两面无毛，边缘具褐色卷曲长柔毛；多歧聚伞花序，（2~）8~24 朵花；萼片在花期由直立变开展至反曲；花瓣黄色，或腹面黄色而背面紫红色，卵形、椭圆形至狭卵形，3~5（~7）脉，具 2 痂体；花果期 6~10 月。

分布与生境：

产康定、九龙、稻城、石渠、理塘、道孚、德格等县（市），生于海拔 3 500~5 200 m 的林内、灌丛中、草地上或流石滩。

爪瓣虎耳草

Saxifraga unguiculata **Engl.**

虎耳草科 Saxifragaceae　虎耳草属 *Saxifraga*

识别特征：

多年生丛生草本；莲座叶匙形至近狭倒卵形，茎生叶较疏，长圆形、披针形至剑形，稍肉质；茎、花梗、萼片背面均被腺毛；花单生或聚伞花序，具2~8朵花；花瓣黄色，具橙色斑点，基部具爪，3~7脉；花期7~8月。

分布与生境：

产康定、道孚、炉霍、德格、石渠、乡城等县（市），生于海拔3 400~4 200 m的灌丛中、草地上或石缝中。

龙芽草

Agrimonia pilosa Ldb.

蔷薇科 Rosaceae **龙芽草属** *Agrimonia*

识别特征：

多年生草本；奇数羽状复叶，小叶常 3~4 对，倒卵形至倒卵披针形；托叶镰形，边缘有尖锐锯齿；花直径 6~9 mm，花瓣黄色；雄蕊 5~8（~15）；果实倒卵圆锥形，钩刺幼时直立，成熟时靠合，连钩刺长 7~8 mm；花果期 5~12 月。

分布与生境：

产康定、丹巴、九龙、炉霍、甘孜等县（市），生于海拔 2 000~3 500 m 的林内、灌丛中、草地上或河沟边。

水栒子

***Cotoneaster multiflorus* Bge.**
蔷薇科 Rosaceae　栒子属 *Cotoneaster*

识别特征：

落叶灌木；小枝圆柱形，红褐色或棕褐色；叶片卵形或宽卵形，下面无毛；疏松聚伞花序，5~21 朵；花梗和萼筒无毛；花瓣白色；果实近球形或倒卵形，红色，有 1 个由 2 心皮合生而成的小核；花期 5~6 月，果期 8~9 月。

分布与生境：

广布甘孜州各县（市），生于海拔 1 800~3 200 m 的林内、灌丛中或河沟边。

五叶双花委陵菜

Potentilla biflora **Willd. ex Schlecht. var. *lahulensis*** **Wolf**

蔷薇科 Rosaceae　**委陵菜属** *Potentilla*

识别特征：

多年生丛生或垫状草本；根粗壮，圆柱形；花茎直立，被疏柔毛；基生叶羽状至近掌状 5 出复叶，基部一对小叶不分裂成两部分；花单生或 2 朵稀 3 朵，花瓣黄色，花梗被疏柔毛；花直径 1.5~1.8 cm，花柱近顶生，丝状，柱头不扩大。瘦果脐部有毛，表面光滑。花果期 6~8 月。

分布与生境：

产康定市，生于海拔 3 700~4 800 m 的高山草甸、多砾石坡。

金露梅

Potentilla fruticosa **L.**

蔷薇科 Rosaceae　委陵菜属 *Potentilla*

识别特征：

灌木；羽状复叶，小叶2对或3小叶，长圆形、倒卵长圆形或卵状披针形，长0.7~2.0 cm，宽0.4~1.0 mm；单花或数朵生枝顶；花瓣黄色；花柱近基生，棒形，基部稍细，顶部缢缩，柱头扩大；瘦果；花果期6~9月。

分布与生境：

广布甘孜州各县（市），生于海拔2 700~4 600 m的林内、灌丛中、草地上、河沟边或流石滩。

银露梅

***Potentilla glabra* Lodd.**
蔷薇科 Rosaceae　委陵菜属 *Potentilla*

识别特征：

灌木；羽状复叶，小叶 2 对，长 0.5~1.2 cm，宽 0.4~0.8 cm，椭圆形、倒卵椭圆形或卵状椭圆形；顶生单花或数朵；花瓣白色；花柱近基生，棒状，基部较细，柱头下缢缩，柱头扩大；瘦果；花果期 6~11 月。

分布与生境：

广布甘孜州各县（市），生于海拔 3 300~4 400 m 的林内、灌丛中、草地上、河沟边或流石滩。

峨眉蔷薇

***Rosa omeiensis* Rolfe**

蔷薇科 Rosaceae　蔷薇属 *Rosa*

识别特征：

灌木；小叶 9~13（~17），长圆形或椭圆状长圆形；托叶大部分贴生于叶柄，顶端离生部分呈三角状卵形，边缘有齿或全缘，偶有腺；花单生于叶腋，无苞片；萼片 4，宿存；花瓣 4，白色；果倒卵球形或梨形，亮红色，成熟时果梗肥大；花期 5~6 月，果期 7~9 月。

分布与生境：

广布甘孜州各县（市），生于海拔 2 000~4 300m 的林内、灌丛中或河沟边。

矮地榆

***Sanguisorba filiformis* (Hook. f.) Hand.-Mazz.**

蔷薇科 Rosaceae　地榆属 *Sanguisorba*

识别特征：

多年生草本；基生叶为羽状复叶，小叶3~5对，宽卵形或近圆形；花单性，穗状花序自顶端开始向下逐渐开放，花序头状，周围为雄花，中央为雌花；萼片4，白色；花柱比萼片长1/2~1倍，柱头呈乳头状扩大；果有4棱；花果期6~9月。

分布与生境：

产康定、理塘、巴塘、稻城、乡城、道孚、炉霍、德格、甘孜等县（市），生于海拔3 100~4 200 m的草地上或灌丛中。

大瓣紫花山莓草

***Sibbaldia purpurea* Royle var. *macropetala* (Muraj.) Yu et Li**

蔷薇科 Rosaceae　山莓草属 *Sibbaldia*

识别特征：

多年生草本；基生叶掌状 5 出复叶，小叶 5 片，倒卵形或倒卵长圆形，顶端常 2~3 齿，两面伏生柔毛；伞房状花序，高出于基生叶；花瓣 5，紫色，长于萼片；瘦果；花果期 6~7 月。

分布与生境：

产康定、九龙、炉霍、稻城等县（市），生于海拔 3 500~4 500 m 的灌丛中、草地上或流石滩。

窄叶鲜卑花

Sibiraea angustata (Rehd.) Hand.-Mazz.
蔷薇科 Rosaceae　鲜卑花属 *Sibiraea*

识别特征：

落叶灌木；叶在当年生枝条上互生，在老枝上常丛生，叶窄披针形、倒披针形，基部下延呈楔形，全缘；叶柄短，不具托叶；顶生穗状圆锥花序，总花梗和花梗均密被短柔毛；花瓣 5，白色；雄蕊 20~25；蓇葖果，具宿存直立萼片；花期 6 月，果期 8~9 月。

分布与生境：

广布甘孜州各县（市），生于海拔 3 300~4 300 m 的林内、灌丛中、草地上、河沟边。

西南花楸

Sorbus rehderiana **Koehne**

蔷薇科 Rosaceae　花楸属 *Sorbus*

识别特征：

灌木或小乔木；奇数羽状复叶，小叶7~9（~10）对，边缘自近基部1/3以上有细锐锯齿，齿尖内弯，每侧锯齿10~20；复伞房花序，总花梗和花梗有锈褐色柔毛；花瓣白色；果实卵形，粉红色至深红色，先端有宿存闭合萼片；花期6月，果期9月。

分布与生境：

广布甘孜州各县（市），生于海拔2 500~4 300 m的林内、灌丛中、河沟边。

陕甘花楸

Sorbus koehneana **Schneid.**

蔷薇科 Rosaceae　花楸属 *Sorbus*

识别特征：

灌木或小乔木；奇数羽状复叶，小叶8~12对，边缘每侧有尖锐锯齿10~14，全部有锯齿或仅基部全缘；复伞房花序，总花梗和花梗有稀疏白色柔毛；花瓣白色；果实球形，白色，先端具宿存闭合萼片；花期6月，果期9月。

分布与生境：

广布甘孜州各县（市），生于海拔2 800~3 700 m的林内、灌丛中、河沟边。

马蹄黄

Spenceria ramalana Trimen

蔷薇科 Rosaceae　马蹄黄属 *Spenceria*

识别特征：

多年生草本；全部密生白色长柔毛；基生叶为奇数羽状复叶，小叶 13~21，常 13，宽椭圆形或倒卵状矩圆形；总状花序顶生，花 12~15 朵；花瓣黄色；雄蕊 35~40，花柱丝状；瘦果；花期 7~8 月，果期 9~10 月。

分布与生境：

广布甘孜州各县（市），生于海拔 2 900~4 400 m 的林内、灌丛中、草地上。

高山绣线菊

Spiraea alpina **Pall.**

蔷薇科 Rosaceae　绣线菊属 *Spiraea*

识别特征：

灌木；小枝有明显棱角；冬芽小，有数枚外露鳞片；叶片多数簇生，线状披针形至倒卵长圆形，全缘，两面无毛；伞形总状花序，具短总梗，花 3~15 朵；花瓣倒卵形或近圆形，白色；蓇葖果开张，无毛或仅沿腹缝线具稀疏短柔毛；花期 6~7 月，果期 8~9 月。

分布与生境：

产康定、巴塘、炉霍、新龙、白玉、德格、石渠、色达、稻城、乡城、道孚等县（市），生于海拔 2 300~4 400 m 的林内、灌丛中、草地上、河沟边或流石滩。

川西锦鸡儿

***Caragana erinacea* Kom.**

豆科 Fabaceae　锦鸡儿属 *Caragana*

识别特征：

灌木，高 30~60 cm；羽状复叶，短枝上常 2 对，叶轴密集，长 2~15 mm；长枝上小叶 2~4 对，叶轴长 1.5~2.0 cm，宿存，稍硬化；叶长 3~12 mm；花梗 1~4 簇生；花萼管状，长 8~10 mm；花冠黄色；荚果圆筒形，无毛或被短柔毛；花期 5~6 月，果期 8~9 月。

分布与生境：

广布甘孜州各县（市），生于海拔 3 000~4 400 m 的林内、灌丛中、草地上或流石滩。

鬼箭锦鸡儿

Caragana jubata (Pall.) Poir.

豆科 Fabaceae　**锦鸡儿属** *Caragana*

识别特征：

灌木，高 0.3~2.0 m；羽状复叶有 4~6 对小叶；托叶先端刚毛状，不硬化成针刺；叶轴长 5~7 cm，宿存；花梗单生；花冠玫瑰色、淡紫色、粉红色或近白色；荚果密被丝状长柔毛；花期 6~7 月，果期 8~9 月。

分布与生境：

广布甘孜州各县（市），生于海拔 2 300~4 500 m 的灌丛中、草地上、流石滩或河沟边。

黄花木

***Piptanthus concolor* Harrow ex Craib**
豆科 Fabaceae　黄花木属 *Piptanthus*

识别特征：

灌木；掌状 3 出复叶，小叶椭圆形、长圆状披针形至倒披针形，两侧不等大，下面被贴伏短柔毛，侧脉 6~8 对；总状花序顶生，具花 3~7 轮，疏被柔毛；花冠黄色；荚果线形，疏被短柔毛；花期 4~7 月，果期 7~9 月。

分布与生境：

广布甘孜州各县（市），生于海拔 2 500~4 000 m 的林内、灌丛中或草地上。

高山野决明

Thermopsis alpina **(Pall.) Ledeb.**

豆科 Fabaceae　野决明属 *Thermopsis*

识别特征：

多年生草本；植株高 12~30 cm；小叶线状倒卵形至卵形，长为宽的 1.5~2.5 倍；总状花序顶生，花朵轮生；萼背侧稍呈囊状隆起，下方萼齿与萼筒近等长；花冠黄色，翼瓣与龙骨瓣近等宽；子房具胚珠 4~8 粒；荚果长圆状卵形，扁平；花期 5~7 月，果期 7~8 月。

分布与生境：

产康定、丹巴、道孚、甘孜、德格、色达、石渠、巴塘等县（市），生于海拔 3 000~4 100 m 的林内、灌丛中或草地上。

紫花野决明

Thermopsis barbata **Benth.**

豆科 Fabaceae　野决明属 ***Thermopsis***

识别特征：

多年生草本；植株高 8~30 cm；全株密被长柔毛；3 出复叶，小叶长圆形或披针形至倒披针形；总状花序顶生；萼基部渐狭至花梗；花冠紫色，翼瓣和龙骨瓣近等长，子房具胚珠 4~13 粒；荚果长椭圆形，扁平；花期 6~7 月，果期 8~9 月。

分布与生境：

产康定、雅江、理塘、巴塘、稻城、得荣、道孚、新龙、白玉、乡城等县（市），生于海拔 3 200~4 200 m 的灌丛中或草地上。

粗根老鹳草

***Geranium dahuricum* DC.**

牻牛儿苗科 Geraniaceae　老鹳草属 *Geranium*

识别特征：

多年生草本；根茎短粗，具簇生纺锤形块根；叶基生，茎上对生；叶七角状肾圆形，掌状 7 深裂近基部，裂片羽状深裂，小裂片披针状条形，表面被短伏毛；花瓣紫红色，长约为萼片的 1.5 倍；花期 7~8 月，果期 8~9 月。

分布与生境：

产康定、丹巴、雅江、德格等县（市），生于海拔 2 500~4 200 m 的灌丛中或草地上。

毛蕊老鹳草

Geranium platyanthum **Duthie**

牻牛儿苗科 Geraniaceae　老鹳草属 *Geranium*

识别特征：

多年生草本；叶基生，茎上互生，五角状肾圆形，掌状 5 裂达叶片中部或稍过之；伞形聚伞花序，花梗具腺毛；花瓣淡紫红色，常向上反折，长 10~14 mm，长为萼片的 1.5 倍；花期 6~7 月，果期 8~9 月。

分布与生境：

产康定、丹巴、道孚等县（市），生于海拔 2 000~3 500 m 的灌丛中或草地上。

反瓣老鹳草

Geranium refractum **Edgew. et Hook. f.**

牻牛儿苗科 Geraniaceae　老鹳草属 *Geranium*

识别特征：

多年生草本；高 30~40 cm；叶对生，叶片五角状，掌状 5 深裂近基部，裂片菱形或倒卵状菱形，下部全缘；托叶卵状披针形；花瓣白色，反折，约为萼片的 1.5 倍；花期 7~8 月，果期 8~9 月。

分布与生境：

产康定、九龙、雅江、理塘、巴塘、稻城、乡城、道孚等县（市），生于海拔 3 300~4 700 m 的灌丛中、草地上或流石滩。

甘青大戟

Euphorbia micractina Boiss.

大戟科 Euphorbiaceae 大戟属 *Euphorbia*

识别特征：

多年生草本；植株高 20~50 cm；茎自基部 3~4 分枝，每个分枝向上不再分枝；叶互生，长椭圆形至卵状长椭圆形，全缘；花序黄绿色，单生于二歧分枝顶端；腺体 4；子房和蒴果被稀疏的刺状或瘤状突起；花果期 6~7 月。

分布与生境：

产康定、泸定、雅江、稻城、乡城、道孚、炉霍、甘孜、德格、色达、理塘等县（市），生于海拔 3 400~4 700 m 的林内、灌丛中、草地上或流石滩。

凹叶瑞香

Daphne retusa Hemsl.

瑞香科 Thymelaeaceae 瑞香属 *Daphne*

识别特征：

常绿灌木；一年生枝被糙伏毛；叶互生，先端凹下；花裂片4，紫红色；苞片早落；花萼裂片与花萼筒等长或更长；花期4~5月，果期6~7月。

分布与生境：

产康定、泸定、丹巴、理塘、稻城、得荣、德格、道孚等县（市），生于海拔3 000~4 300 m的林内、灌丛中、草地上或河沟边。

中国沙棘

***Hippophae rhamnoides* L. subsp. *sinensis* Rousi**
胡颓子科 Elaeagnaceae　沙棘属 *Hippophae*

识别特征：

落叶灌木或乔木；具顶生或侧生棘刺；嫩枝密被银白色而带褐色鳞片或具白色星状柔毛；叶常近对生，狭披针形或矩圆状披针形，下面银白色或淡白色，被鳞片，无星状毛；果实圆球形；花期 4~5 月，果期 9~10 月。

分布与生境：

广布甘孜州各县（市），生于海拔 2 500~3 800 m 的河沟边或灌丛中。

双花堇菜

Viola biflora L.

堇菜科 Violaceae　**堇菜属** *Viola*

识别特征：

多年生草本；叶片肾形，基部浅心形或深心形，边缘具疏锯齿；托叶离生，狭卵形，全缘；花黄色；花梗纤细，长约 2 cm；萼片基部有极短的截形附属物；侧方花瓣内无须毛；花柱 2 裂；蒴果；花果期 5~9 月。

分布与生境：

产九龙、乡城、道孚、白玉、德格等县，生于海拔 2 700~4 500 m 的林内、灌丛中或草地上。

中国旌节花

Stachyurus chinensis **Franch.**

旌节花科 Stachyuraceae　旌节花属 *Stachyurus*

识别特征：

落叶灌木；小枝有皮孔；叶纸质至膜质，长为宽的 2 倍以下，边缘为圆齿状锯齿；穗状花序腋生，花黄色；果实圆球形；花期 3~4 月，果期 5~7 月。

分布与生境：

产康定、泸定、九龙等县（市），生于海拔 1 800~2 600 m 的林内、灌丛中或河沟边。

具鳞水柏枝

Myricaria squamosa **Desv.**

柽柳科 Tamaricaceae　水柏枝属 *Myricaria*

识别特征：

直立灌木；老枝常有皮膜；叶披针形、卵状披针形或狭卵形；总状花序侧生于老枝上，单生或数个花序簇生于枝腋；花序基部被多数覆瓦状排列的鳞片；萼片长2~4 mm；花瓣长4~5 mm，紫红色或粉红色；蒴果狭圆锥形；花果期5~8月。

分布与生境：

产康定、九龙、稻城、乡城、道孚、炉霍、新龙、德格、石渠、色达等县（市），生于海拔2 400~4 200 m的河沟边或河滩地。

柳兰

Epilobium angustifolium L.

柳叶菜科 Onagraceae **柳叶菜属** *Epilobium*

识别特征：

多年草本；叶螺旋状互生，无柄，披针形至线形，两面无毛，每侧 10~25 条，近边缘处网结；花序总状；花管缺；下部苞片叶状，上部三角状披针形；花瓣全缘；柱头深 4 裂；蒴果；花期 6~9 月，果期 8~10 月。

分布与生境：

广布甘孜州各县（市），生于海拔 3 000~4 700 m 的林内、灌丛中、草地上或流石滩。

红花岩梅

Diapensia purpurea Diels

岩梅科 Diapensiaceae **岩梅属** *Diapensia*

识别特征：

常绿垫状平卧半灌木；高 3~6 cm；叶密集，匙状椭圆形或匙状长圆形，长 3~5 mm，先端圆，上面无气孔，有细乳头状突起，常具皱纹，无光泽；花单生于枝顶端，蔷薇紫色或粉红色；蒴果；花果期 6~8 月。

分布与生境：

产康定、泸定、九龙等县（市），生于海拔 2 600~4 300 m 的灌丛中、草地上或岩壁。

水晶兰

Monotropa uniflora L.

鹿蹄草科 Pyrolaceae　**水晶兰属** *Monotropa*

识别特征：

多年生草本；腐生；全株无叶绿素，茎肉质不分枝；叶鳞片状，互生，长圆形或狭长圆形或宽披针形；苞片鳞片状；花单一，顶生；花瓣 5~6，离生；雄蕊 10~12；蒴果椭圆状球形，直立；花期 8~9 月，果期（9~）10~11 月。

分布与生境：

产丹巴、道孚等县，生于海拔 1 500~3 850 m 的山地林下。

鹿蹄草

Pyrola calliantha **H. Andr.**

鹿蹄草科 Pyrolaceae　鹿蹄草属 *Pyrola*

识别特征：

常绿草本状小半灌木；叶4~7，椭圆形或卵圆形，下面常有白霜；总状花序，9~13朵花，白色；萼片舌形；花期6~8月，果期8~9月。

分布与生境：

产泸定、丹巴等县，生于海拔2 500~3 000 m的林内或灌丛中。

岩须

Cassiope selaginoides **Hook. f. et Thoms.**

杜鹃花科 Ericaceae　岩须属 *Cassiope*

识别特征：

常绿矮小半灌木；高 5~25 cm；叶交互对生，披针形至披针状长圆形，基部稍宽，2 裂叉开，背面龙骨状隆起，有 1 深纵沟槽向上几达叶顶端，边缘被纤毛；花单朵腋生；花冠乳白色，宽钟状，口部 5 浅裂；蒴果球形，花柱宿存；花期 4~5 月，果期 6~7 月。

分布与生境：

产康定、泸定、九龙、稻城、丹巴等县（市），生于海拔 2 400~4 500 m 的林内、灌丛中、草地上、河沟边或流石滩。

毛叶吊钟花

Enkianthus deflexus (Griff.) Schneid.

杜鹃花科 Ericaceae **吊钟花属** *Enkianthus*

识别特征：

落叶灌木或小乔木；叶椭圆形、倒卵形或长圆状披针形，边缘有细锯齿，背面疏被黄色柔毛，中脉和侧脉密生粗毛；总状花序；萼片披针状三角形；花冠宽钟形，带黄红色，具较深色的脉纹；花药具2芒，芒与花药等长；花期4~5月，果期6~10月。

分布与生境：

产康定、泸定、九龙等县（市），生于海拔2 400~3 400 m的林内或灌丛中。

树生杜鹃花

Rhododendron dendrocharis **Franch.**
杜鹃花科 Ericaceae　杜鹃花属 ***Rhododendron***

识别特征：

灌木；常附生；幼枝有鳞片，密生棕色刚毛；叶椭圆形，下面密被鳞片，相距为其直径；花 1~2 朵；花萼小，外面疏生鳞片；花冠宽漏斗状，鲜玫瑰红色，内面筒部有短柔毛，上部有深红色斑点；雄蕊 10；花柱细长；花期 4~6 月，果期 9~10 月。

分布与生境：

产康定、泸定等县（市），生于海拔 2 600~2 900 m 的林内，常附生于树上。

长毛杜鹃花

Rhododendron trichanthum **Rehd.**

杜鹃花科 Ericaceae　杜鹃花属 *Rhododendron*

识别特征：

灌木；幼枝、叶柄、叶上面、花冠筒外及子房被刚毛；叶两面多少有毛，下面中脉上尤密，下面鳞片不等大，黄褐色，相距为其直径的 1~4 倍；花序顶生，2~3 朵；花冠宽漏斗状，浅紫、蔷薇红色或白色；花期 5~6 月，果期 9 月。

分布与生境：

产康定、泸定、九龙等县（市），生于海拔 2 200~3 800 m 的林内、灌丛中或河沟边。

毛肋杜鹃花

Rhododendron augustinii **Hemsl.**

杜鹃花科 Ericaceae　杜鹃花属 *Rhododendron*

识别特征：

灌木；幼枝被鳞片，密被柔毛或长硬毛；叶椭圆形、长圆形或长圆状披针形，下面密被不等大的鳞片，相距为其直径或1.5~2.0倍或小于直径，沿中脉下半部密被黄白色柔毛；花2~6朵；花冠宽漏斗状，淡紫色或白色，5裂至中部；花期4~5月，果期7~8月。

分布与生境：

产康定、泸定、九龙等县（市），生于海拔2 200~3 300 m的林内或灌丛中。

黄花杜鹃

Rhododendron lutescens **Franch.**

杜鹃花科 Ericaceae　杜鹃花属 *Rhododendron*

识别特征：

灌木；幼枝细长，疏生鳞片；叶披针形至卵状披针形，顶端长渐尖或近尾尖，上面疏生鳞片，下面鳞片黄色或褐色，相距为其直径的1/2~6倍；花1~3朵；花冠宽漏斗状，黄色，5裂至中部，外面疏生鳞片，密被短柔毛；花期3~4月。

分布与生境：

产泸定县，生于海拔1 700~2 000 m的杂木林湿润处或见于石灰岩山坡灌丛中。

问客杜鹃花

Rhododendron ambiguum **Hemsl.**

杜鹃花科 Ericaceae　杜鹃花属 *Rhododendron*

识别特征：

灌木；叶椭圆形，卵状披针形或长圆形，上面无毛，下面被黄褐色或褐色鳞片，鳞片不等大，相距为其直径或小于直径；花 3~4（~7）朵；花冠黄色、淡黄色或淡绿黄色，内有黄绿色斑点和微柔毛，外面被鳞片；花期 5~6 月，果期 9~10 月。

分布与生境：

产康定、泸定等县（市），生于海拔 2 800~3 300 m 的林内或灌丛中。

秀雅杜鹃花

Rhododendron concinnum Hemsl.

杜鹃花科 Ericaceae 杜鹃花属 *Rhododendron*

识别特征：

灌木；叶椭圆形、卵形，下面密被鳞片，鳞片略不等大，中等大小或大，扁平，有明显的边缘，相距为其直径之半或邻接，极少相距为其直径；花 2~5 朵；花萼小，不等 5 裂；花冠宽漏斗状，紫红色、淡紫或深紫色；花期 4~6 月，果期 9~10 月。

分布与生境：

产康定、泸定、丹巴、九龙、理塘、乡城等县（市），生于海拔 2 200~4 200 m 的林内、灌丛中或草地上。

多鳞杜鹃花

Rhododendron polylepis **Franch.**

杜鹃花科 Ericaceae　杜鹃花属 *Rhododendron*

识别特征：

灌木或小乔木；叶长圆形或长圆状披针形，基部楔形或宽楔形，下面密被鳞片，鳞片无光泽，大小不等，大鳞片褐色，散生，小鳞片淡褐色，彼此邻接或覆瓦状或相距为其直径之半；花 3~5 朵；花萼小；花冠宽漏斗状，淡紫红或深紫红色；花期 4~5 月，果期 6~8 月。

分布与生境：

产康定、泸定、九龙等县（市），生于海拔 2 100~3 700 m 的林内或灌丛中。

苞叶杜鹃花

Rhododendron bracteatum **Rehd. et Wils.**

杜鹃花科 Ericaceae 杜鹃花属 *Rhododendron*

识别特征：

灌木；叶芽鳞宿存；叶椭圆形至卵状披针形，下面淡褐色或带黄色，被金黄色大鳞片，鳞片不等大，相距为其直径的 1~4 倍；花 3~6 朵；花冠宽漏斗状或钟状，白色或淡紫色、淡红色，内有深红色斑点，基部密生柔毛，外面被鳞片；花柱细长；花期 5~6 月，果期 9~10 月。

分布与生境：

产泸定县，生于海拔 2 600~3 500 m 的林中或陡崖上。

道孚杜鹃花

***Rhododendron dawuense* H. P. Yang**

杜鹃花科 Ericaceae　杜鹃花属 *Rhododendron*

识别特征：

直立灌木；高 50~60 cm；当年生枝密被黄棕色鳞片；叶长圆状披针形，长 7~14（~16）mm，下面被相同的银灰色鳞片，鳞片邻接或叠置；花 1（~4）朵；花萼长 5~7 mm；花冠宽漏斗状，长 17~22 mm，淡粉红色；花期 5~6 月，果期 7~8 月。

分布与生境：

产道孚县，生于海拔 3 800~4 500 m 的灌丛中或草地上。

北方雪层杜鹃花

Rhododendron nivale Hook. f. subsp. *boreale* Philipson. et M. N. Philipson.

杜鹃花科 Ericaceae **杜鹃花属** *Rhododendron*

识别特征：

常绿小灌木；叶椭圆形，卵形或近圆形，顶端圆钝，具小突尖，下面两色鳞片以红褐色较显著；花 1~2（~3）朵；花冠宽漏斗状，粉红，丁香紫至鲜紫色；雄蕊（8~）10；花柱稍短于雄蕊；花期 5~7 月，果期 8~9 月。

分布与生境：

产康定、九龙、雅江、巴塘、稻城、乡城、道孚、德格等县（市），生于海拔 3 600~4 700 m 的林内、灌丛中、草地上或流石滩。

鳞腺杜鹃花

Rhododendron lepidotum **Wall. ex G. Don**

杜鹃花科 Ericaceae　杜鹃花属 *Rhododendron*

识别特征：

常绿小灌木；小枝有疣状突起，密被鳞片；叶倒卵形至披针形，两面均密被鳞片，下面苍白色，鳞片黄绿色，重叠成覆瓦状或相距为其直径的 1/2；花 1~3（4）朵；花冠宽钟状，花色多变，5 裂，外面密被鳞片；花柱粗而短；花期 5~7 月，果期 7~9 月。

分布与生境：

产九龙县，生于海拔 3 000~3 600 m 的杜鹃花灌丛或高山灌丛草地。

烈香杜鹃花

Rhododendron anthopogonoides Maxim.

杜鹃花科 Ericaceae **杜鹃花属** *Rhododendron*

识别特征：

常绿灌木；叶卵状椭圆形、宽椭圆形至卵形，下面黄褐色或灰褐色，被密而重叠成层的暗褐色和带红棕色的鳞片；花10~20朵；花萼发达，外面无鳞片；花冠狭筒状漏斗形，淡黄绿色或绿白色，有芳香味，外面无鳞片；雄蕊5；花期6~7月，果期8~9月。

分布与生境：

产雅江县，生于海拔2 900~3 700 m的高山坡、山地林下、灌丛中。

美容杜鹃花

***Rhododendron nivale* Franch.**

杜鹃花科 Ericaceae　杜鹃花属 *Rhododendron*

识别特征：

常绿灌木或小乔木；叶长圆状倒披针形或长圆状披针形，下面无毛；花萼小，长 1.5 mm；花冠阔钟形，红色或粉红色至白色，裂片 5~7；雄蕊 15~22；柱头大，盘状，宽约 6.5 mm；花期 4~5 月，果期 9~10 月。

分布与生境：

产康定、泸定、九龙、丹巴等县（市），生于海拔 2 100~3 400 m 的林内或灌丛中。

山光杜鹃花

Rhododendron oreodoxa **Franch.**

杜鹃花科 Ericaceae　杜鹃花属 ***Rhododendron***

识别特征：

常绿灌木或小乔木；叶狭椭圆形或倒披针状椭圆形，长 4.5~10.0 cm，下面无毛；花 6~8（~12）朵；花萼小，长 1~3 mm；花冠钟形，淡红色，裂片 7~8；雄蕊 12~14；子房无毛；柱头小，头状，宽 1.6~2.6 mm；花期 4~6 月，果期 8~10 月。

分布与生境：

产康定、泸定、雅江、白玉、理塘、新龙等县（市），生于海拔 2 900~4 300 m 的林内、灌丛中或草地上。

亮叶杜鹃花

Rhododendron vernicosum **Franch.**

杜鹃花科 Ericaceae　杜鹃花属 *Rhododendron*

识别特征：

常绿灌木或小乔木；叶长圆状卵形至长圆状椭圆形，长 5.0~12.5 cm；花萼小，长 1.6 mm；花冠宽漏斗状钟形，淡红色至白色，裂片 7~（5~6）；雄蕊（11~13）~14；子房圆锥形，密被红色腺体；花柱密被紫红色短柄腺体；柱头小，宽约 2.5 mm；花期 4~6 月，果期 8~10 月。

分布与生境：

广布甘孜州各县（市），生于海拔 2 400~4 200 m 的林内或灌丛中。

团叶杜鹃花

Rhododendron orbiculare **Decne.**

杜鹃花科 Ericaceae　杜鹃花属 *Rhododendron*

识别特征：

常绿灌木；叶常 3~5 枚在枝顶近于轮生，阔卵形至圆形，基部心状耳形，耳片常互相叠盖；叶柄圆柱形，长 3~7 cm；花萼小，长 1.5 mm；花冠钟形，红蔷薇色；子房密被白色短柄腺体；花期 5~6 月，果期 8~10 月。

分布与生境：

产康定、泸定、九龙等县（市），生于海拔 2 500~4 000 m 的林内、灌丛中或河沟边。

无柄杜鹃花

Rhododendron watsonii **Hemsl. et Wils.**

杜鹃花科 Ericaceae　杜鹃花属 *Rhododendron*

识别特征：

常绿灌木或小乔木；叶长圆状椭圆形或宽倒披针形或倒卵形，长 10~23 cm；叶柄扁平，两侧具翅，长 5~10 mm；花 12~15 朵；花冠宽钟形，白色微带粉红色，基部具深红色斑，7 裂；雄蕊 14；子房无毛；蒴果略弯弓，无毛；花期 5~6 月，果期 7~9 月。

分布与生境：

产康定、泸定、九龙等县（市），生于海拔 2 900~3 800 m 的林内或灌丛中。

乳黄叶杜鹃花

Rhododendron galactinum **Balf. f. ex Tagg**

杜鹃花科 Ericaceae　杜鹃花属 *Rhododendron*

识别特征：

灌木或小乔木；叶长椭圆形至长倒卵形或披针形，下面密被棕色毛被，分2层，上层毛被杯状或高脚碟状，下层毛被莲花状，易脱落；叶柄圆柱形；花约15朵；花冠钟状，淡紫红色或淡蔷薇色，基部有深红色斑点，7裂；雄蕊14；子房无毛；花期5~6月。

分布与生境：

产康定市，生于海拔2 600~3 000 m的林内或灌丛中。

白碗杜鹃花

Rhododendron souliei **Franch.**

杜鹃花科 Ericaceae　杜鹃花属 *Rhododendron*

识别特征：

常绿灌木；叶卵形至矩圆状椭圆形，先端圆形，有凸起的小尖头，基部微心形或近于圆形；花 5~7 朵；花萼大；花冠钟状、碗状或碟状，乳白色或粉红色，5 裂；雄蕊 10；花柱有腺体；蒴果，成熟后常弯曲，有宿存的腺体；花期 6~7 月，果期 8~9 月。

分布与生境：

产康定、泸定、九龙、理塘、稻城、乡城等县（市），生于海拔 2 800~4 200 m 的林内、灌丛中或河沟边。

长鳞杜鹃花

Rhododendron longesquamatum **Schneid.**

杜鹃花科 Ericaceae　杜鹃花属 *Rhododendron*

识别特征：

常绿灌木或小乔木；幼枝多少有芽鳞宿存，密被锈黄色顶端有分枝的长毛；叶长圆状倒披针形至狭倒卵形；花序总轴长3~6 mm；花萼大；花冠宽钟形，红色，内基部有血红色斑块及白色微柔毛，裂片5；雄蕊10；花柱中部以下具有柄腺体；花期6月，果期9月。

分布与生境：

产康定、泸定等县（市），生于海拔2 800~3 400 m的林内或灌丛中。

芒刺杜鹃花

Rhododendron strigillosum **Franch.**

杜鹃花科 Ericaceae　杜鹃花属 *Rhododendron*

识别特征：

常绿灌木；幼枝密被褐色腺头刚毛；叶长圆状披针形或倒披针形，下面中脉隆起，密被褐色绒毛及腺头刚毛；花 8~12 朵；花冠管状钟形，深红色，内基部有黑红色斑块，裂片 5；雄蕊 10；花期 4~6 月，果期 9~10 月。

分布与生境：

产泸定县，生于海拔 2 500~3 000 m 的林内或灌丛中。

绒毛杜鹃花

Rhododendron pachytrichum Franch.

杜鹃花科 Ericaceae　杜鹃花属 *Rhododendron*

识别特征：

常绿灌木；幼枝密被淡褐色分枝粗毛；叶狭长圆形、倒披针形或倒卵形，中脉下面凸起，下半段多被淡色分枝粗毛；花 7~10 朵；花冠钟形，淡红色至白色，基部有 1 枚紫黑色斑块，裂片 5；雄蕊 10；子房密被淡黄色绒毛；花期 4~5 月，果期 8~9 月。

分布与生境：

产泸定、康定、道孚、丹巴、雅江等县（市），生于海拔 2 700~3 500 m 的林内、灌丛中或河沟边。

枯鲁杜鹃花

Rhododendron adenosum **Davidian**

杜鹃花科 Ericaceae　杜鹃花属 *Rhododendron*

识别特征：

灌木；幼枝密被腺头刚毛；叶卵形至披针形或椭圆形，先端急尖至渐尖，下面具小刚毛及散生的绒毛；花 6~8 朵；花梗密被腺头刚毛；花冠漏斗状钟形，淡粉红色，具紫红色的斑点；子房密被腺头刚毛；蒴果，弯曲；花期 5~6 月，果期 9~10 月。

分布与生境：

产康定、九龙等县（市），生于海拔 3 350~3 700 m 的松林中。

川西杜鹃花

***Rhododendron sikangense* Fang**

杜鹃花科 Ericaceae　杜鹃花属 *Rhododendron*

识别特征：

小乔木或灌木；叶长圆状椭圆形或椭圆状披针形，基部圆形，两侧不对称，上面有乳头状突起，下面中脉幼时被星状毛；花 8~12 朵；花冠钟状，淡紫红色，有深紫色斑点，5 裂；子房被分枝毛；花柱无毛；蒴果被褐色厚毛；花期 6~7 月，果期 9 月。

分布与生境：

产泸定县，生于海拔 2 600~3 100 m 的林内或灌丛中。

繁花杜鹃

Rhododendron floribundum **Franch.**

杜鹃花科 Ericaceae　杜鹃花属 *Rhododendron*

识别特征：

灌木或小乔木；叶椭圆状披针形至倒披针形，上面成泡状粗皱纹，下面具灰白色疏松绒毛，上层毛被为星状毛，下层毛被紧贴；花 8~12 朵；花冠宽钟状，粉红色，筒部有深紫色斑点，5 裂；雄蕊 10；蒴果圆柱状，被淡灰色绒毛；花期 4~5 月，果期 7~8 月。

分布与生境：

产康定、泸定、九龙等县（市），生于海拔 1 900~2 700 m 的林内、灌丛中或河沟边。

银叶杜鹃花

Rhododendron argyrophyllum **Franch.**

杜鹃花科 Ericaceae　杜鹃花属 *Rhododendron*

识别特征：

常绿小乔木或灌木；叶长圆状椭圆形或倒披针状椭圆形，下面被银白色的薄毛；花6~9朵；花梗疏生白色丛卷毛；花冠钟状，乳白色或粉红色，喉部有紫色斑点，5裂；雄蕊12~15；花丝基部有白色微绒毛；子房被白色短绒毛；花期4~5月，果期7~8月。

分布与生境：

产康定、泸定、九龙等县（市），生于海拔2 300~3 600 m的林内或灌丛中。

大叶金顶杜鹃花

Rhododendron faberi Hemsl. subsp. *prattii* (Franch.) Chamb. ex Cullen et Chamb.

杜鹃花科 Ericaceae **杜鹃花属** *Rhododendron*

识别特征：

常绿灌木；叶宽椭圆形或椭圆状倒卵形，长 7~17 cm，宽 4~7 cm，下面毛被薄，淡黄褐色或褐色，上层毛被多少脱落，显露出下层灰色毛被；花冠钟形，白色至淡红色；子房密被红棕色柔毛和短柄腺体；花期 5~6 月，果期 8~10 月。

分布与生境：

产康定、泸定、九龙等县（市），生于海拔 3 000~3 900 m 的杜鹃灌丛中或针叶林缘。

陇蜀杜鹃花

Rhododendron przewalskii **Maxim.**

杜鹃花科 Ericaceae　杜鹃花属 *Rhododendron*

识别特征：

常绿灌木；叶卵状椭圆形至椭圆形，下面初被薄层灰白色、黄棕色至锈黄色，多少黏结的毛被，由具长芒的分枝毛组成，后脱落无毛；花萼小；花冠钟形，白色至粉红色，筒部上方具紫红色斑点，裂片 5；雄蕊 10；子房无毛；花期 6~7 月，果期 9 月。

分布与生境：

产康定、丹巴、雅江、稻城、道孚、石渠等县（市），生于海拔 3 400~4 700 m 的林内、灌丛中、草地上或流石滩。

褐毛杜鹃花

Rhododendron wasonii **Hemsl. et Wils**

杜鹃花科 Ericaceae　杜鹃花属 *Rhododendron*

识别特征:

常绿灌木；幼枝被毛；叶卵状披针形至卵状椭圆形，下面被厚层红棕色至锈棕色毡毛状毛被，由长放射状分枝毛组成；花萼小；花冠宽钟形，白色、黄色至粉红色，筒部上方裂片带蔷薇色，具多数深红色斑点，基部被短柔毛，裂片 5；雄蕊 10；花期 5~6 月，果期 7~9 月。

分布与生境:

产康定、九龙等县（市），生于海拔 2 700~3 700 m 的林内或灌丛中。

莲叶点地梅

Androsace henryi Oliv.

报春花科 Primulaceae　**点地梅属** *Androsace*

识别特征：

多年生草本；莲座状叶丛单生；叶圆形至圆肾形，基部心形弯缺深达叶片的 1/3，边缘具浅裂状圆齿或重牙齿；花萼分裂达中部；花冠白色，筒部与花萼近等长；花期 4~5 月，果期 5~6 月。

分布与生境：

产康定、泸定、丹巴、雅江等县（市），生于海拔 2 100~3 400 m 的林内或灌丛中。

石莲叶点地梅

Androsace integra (Maxim.) Hand.-Mazz.

报春花科 Primulaceae **点地梅属** *Androsace*

识别特征：

多年生草本；莲座状叶丛单生；叶近等长，匙形，先端近圆形，具骤尖头；花莛常2至多枚自叶丛中抽出；苞片披针形或线状披针形，长4~6 mm；花萼密被短硬毛；花冠紫红色；蒴果；花期4~6月，果期6~7月。

分布与生境：

产康定、巴塘、稻城、道孚、炉霍、甘孜、白玉、德格、丹巴、雅江、理塘等县（市），生于海拔2 500~4 000 m的林内、灌丛中或草地上。

康定点地梅

Androsace limprichtii Pax et K. Hoffm.

报春花科 Primulaceae **点地梅属** *Androsace*

识别特征：

多年生草本；莲座状叶丛形成疏丛；叶 3 型，外层叶卵形或阔椭圆形，内层叶椭圆形或倒卵状椭圆形，内层叶明显长于外层叶；花梗长于苞片；花萼分裂达中部，裂片狭卵形；花冠白色至淡红色；花期 6~7 月，果期 7~8 月。

分布与生境：

产康定、九龙、道孚、雅江等县（市），生于海拔 3 200~4 400 m 的林内、灌丛中、草地上或河沟边。

硬枝点地梅

Androsace rigida Hand.-Mazz.

报春花科 Primulaceae　点地梅属 *Androsace*

识别特征：

多年生草本；莲座状叶丛簇生；根出条密被褐色刚毛状硬毛；叶 3 型，外层叶卵状披针形，下部增宽成鞘状，内层叶椭圆形至倒卵状椭圆形，内层叶长于外层叶；花梗与苞片近等长或稍短；花冠深红色或粉红色；花期 5~7 月。

分布与生境：

产康定、九龙、稻城、乡城等县（市），生于海拔 3 000~4 000 m 的林内、灌丛中、草地上或流石滩。

刺叶点地梅

Androsace spinulifera (Franch.) R. Knuth

报春花科 Primulaceae **点地梅属** *Androsace*

识别特征：

多年生草本；植株高 15~25 cm；莲座状叶丛单生或 2~3 枚自根茎簇生；叶 2 型，外层叶卵形或卵状披针形，先端软骨质，蜡黄色，内层叶两面密被小糙伏毛；花萼分裂约达全长的 1/3；花冠深红色；花期 5~6 月，果期 7 月。

分布与生境：

产康定、丹巴、理塘、雅江、稻城、乡城、道孚、炉霍、新龙、甘孜等县（市），生于海拔 2 900~4 500 m 的林内、灌丛中、草地上或流石滩。

垫状点地梅

***Androsace tapete* Maxim.**

报春花科 Primulaceae　点地梅属 *Androsace*

识别特征：

多年生草本；植株成半球形的坚实垫状体；莲座状叶丛紧密叠生于根出短枝上；叶2型，内层叶顶端具密集的白色画笔状毛；花单生，包藏于叶丛中；花冠粉红色；花期6~7月。

分布与生境：

产康定、理塘、稻城、得荣、德格等县（市），生于海拔3 900~4 600 m的灌丛中、草地上或流石滩。

矮星宿菜

Lysimachia pumila **(Baudo) Franch.**

报春花科 Primulaceae　珍珠菜属 *Lysimachia*

识别特征：

多年生草本；茎簇生，高 3~20 cm；叶匙形、倒卵形或阔卵形，基部常对生，茎上互生；花 4~8 朵，略成头状花序状；花萼分裂近达基部；花冠淡红色，长约 5 mm；花丝贴生至花冠裂片基部；花药卵圆形；花期 5~6 月，果期 7 月。

分布与生境：

产康定、稻城、乡城、道孚、雅江等县（市），生于海拔 2 600~3 700 m 的林内、草地上或河沟边。

独花报春

***Omphalogramma vinciflora* (Franch.) Franch.**

报春花科 Primulaceae　独报春花属 *Omphalogramma*

识别特征：

多年生草本；叶丛基部有鳞片包叠的部分甚短，常不超过 3 cm；叶倒披针形至矩圆形或倒卵形，两面均被多细胞柔毛；花莛高（8~）10~35 cm；花冠深紫蓝色，高脚碟状，冠筒管状，长 2.3~3.0 cm，至顶端始稍扩大；花期 5~6 月。

分布与生境：

产康定、九龙、雅江、稻城、乡城等县（市），生于海拔 3 000~4 000 m 的林内、灌丛中或草地上。

尖齿紫晶报春

Primula amethystina **Franch. subsp. *argutidens*** **(Franch.) W. W. Smith. et Fletcer**

报春花科 Primulaceae **报春花属** *Primula*

识别特征：

多年生草本；叶椭圆状矩圆形或倒卵形，边缘中部以上具较深的牙齿，先端钝或稍锐尖，两面均有紫色小斑点；伞形花序2~4朵花；花萼钟状，分裂近达中部；花冠紫蓝色，长12~15 mm，裂片顶端凹缺深于1 mm；花期6~7月。

分布与生境：

产康定、丹巴、道孚等县（市），生于海拔3 500~4 900 m的灌丛中、草地上或流石滩。

山丽报春

Primula bella **Franch.**

报春花科 Primulaceae 报春花属 *Primula*

识别特征：

多年生草本；植株矮小；叶倒卵形至近圆形或匙形，边缘具羽裂状深齿，下面多少被黄粉；顶生 1~2（~3）朵花；花冠蓝紫色、紫色或玫瑰红色，冠筒仅稍长于花萼或长于花萼近 1 倍，内面被毛并在筒口形成球状毛丛；花期 7~8 月。

分布与生境：

产泸定、九龙、稻城等县，生于海拔 2 800~4 600 m 的灌丛中、草地上或流石滩。

穗花报春

Primula deflexa **Duthie**

报春花科 Primulaceae　报春花属 *Primula*

识别特征：

多年生草本；叶矩圆形至倒披针形，边缘具不整齐的小牙齿或圆齿，两面遍布多细胞柔毛或在下面仅沿叶脉被毛；花莛高30~60 cm；花序紧密；花冠蓝色或玫瑰紫色，冠檐稍开张，裂片近正方形或近圆形，先端具凹缺；花期6~7月，果期7~8月。

分布与生境：

产康定、泸定、九龙、稻城、道孚、炉霍、色达、丹巴等县（市），生于海拔3 400~5 000 m的灌丛中、草地上、河沟边或流石滩。

心愿报春

***Primula optata* Farrer ex Balf. f.**

报春花科 Primulaceae　报春花属 *Primula*

识别特征：

多年生草本；植株多被粉；叶倒披针形或矩圆状匙形，边缘具近于整齐的小钝齿；叶柄甚短或长达叶片的1/2；伞形花序1~2轮，每轮4~8（~10）朵花；花冠蓝紫色，全缘，冠筒长10~13 mm，雄蕊着生处距冠筒基部3~4 mm，花柱长近达冠筒口；花期5~6月。

分布与生境：

产德格、甘孜等县，生于海拔3 000~4 500 m的灌丛中、草地上或流石滩。

掌叶报春

Primula palmata Hand.-Mazz.

报春花科 Primulaceae　**报春花属** *Primula*

识别特征：

多年生草本；叶 1~4 枚丛生，轮廓近圆形，基部心形，边缘掌状 5~7 裂，深达叶片的 3/4 或更深，小裂片先端锐尖，下面沿叶脉被多细胞柔毛；伞形花序 1~4 朵花；花冠玫瑰红色或淡红色；花期 5~6 月。

分布与生境：

产炉霍县，生于海拔 3 100~3 900 m 的灌丛中或草地上。

多脉报春

Primula polyneura Franch.

报春花科 Primulaceae **报春花属** *Primula*

识别特征：

多年生草本；叶阔三角形或阔卵形以至近圆形，宽度常略大于长度，边缘掌状7~11裂，深达叶半径的1/4~1/2；伞形花序1~2轮，每轮3~9（~12）朵花；花萼具明显的3~5纵脉；花冠粉红色或深玫瑰红色；花期5~6月，果期7~8月。

分布与生境：

产康定、泸定、九龙、稻城、德格、理塘、巴塘等县（市），生于海拔2 800~4 800 m的林内、灌丛中、草地上或流石滩。

密裂报春

***Primula pycnoloba* Bur. et Franch.**

报春花科 Primulaceae　报春花属 *Primula*

识别特征：

多年生草本；叶3~6枚簇生，阔卵圆形至近圆形，基部浅心形至深心形，边缘具圆齿或波状浅裂，裂片具不整齐的牙齿，下面沿叶脉被多细胞柔毛；花莛高7~18（~20）cm；花冠短于花萼，筒部及筒口黄绿色，暗红色；花期5月，果期6~7月。

分布与生境：

产康定、泸定等县（市），生于海拔1 500~2 000 m的林内、灌丛中或河沟边。

偏花报春

Primula secundiflora **Franch.**

报春花科 Primulaceae　报春花属 *Primula*

识别特征：

多年生草本；叶多枚丛生；叶矩圆形、狭椭圆形或倒披针形，边缘具三角形小牙齿；伞形花序 5~10 朵花；花萼染紫色，沿每 2 裂片的边缘下延至基部密被白粉，形成紫白相间的 10 条纵带；花冠红紫色至深玫瑰红色；花期 6~7 月，果期 8~9 月。

分布与生境：

广布甘孜州各县（市），生于海拔 3 500~5 500 m 的林内、灌丛中、草地上、河沟边或流石滩。

钟花报春

Primula sikkimensis **Hook. f.**

报春花科 Primulaceae　报春花属 *Primula*

识别特征：

多年生草本；叶椭圆形至矩圆形或倒披针形，基部常渐狭窄，侧脉在下面显著，网脉极纤细；伞形花序常 1 轮，2 至多花；花冠黄色，稀为乳白色，干后常变为绿色，筒部稍长于花萼，筒口周围被黄粉；花期 6 月，果期 9~10 月。

分布与生境：

广布甘孜州各县（市），生于海拔 3 200~4 300 m 的林内、草地上、沼泽地或河沟边。

苣叶报春

***Primula sonchifolia* Franch.**

报春花科 Primulaceae　报春花属 *Primula*

识别特征：

多年生草本；叶丛基部有覆瓦状包叠的鳞片；叶矩圆形至倒卵状矩圆形，基部渐狭窄，边缘不规则浅裂，裂片具不整齐的小牙齿；花梗长 6~25 mm；花冠蓝色至红色，顶端常具小齿；花期 3~5 月，果期 6~7 月。

分布与生境：

产康定、泸定、九龙、乡城、德格等县（市），生于海拔 2 400~5 000 m 的林内、灌丛中、草地上或流石滩。

甘青报春

Primula tangutica **Duthie**

报春花科 Primulaceae　报春花属 *Primula*

识别特征：

多年生草本；叶椭圆状倒披针形至倒披针形，边缘具小牙齿，两面均有褐色小腺点；花莛高 20~60 cm；伞形花序 1~3 轮，每轮 5~9 朵花；花冠朱红色，裂片线形，长 7~10 mm，宽约 1 mm；花期 6~7 月，果期 8 月。

分布与生境：

产稻城、道孚、炉霍、德格、石渠等县，生于海拔 3 000~4 700 m 的林内、草地上、河沟边或流石滩。

四川丁香

Syringa sweginzowii **Koehne et Lingelsh.**

木犀科 Oleaceae　丁香属 *Syringa*

识别特征：

灌木；叶卵形、卵状椭圆形至披针形；圆锥花序直立，由顶芽或侧芽抽生，花序下常有 1 对小叶状苞片或无；花冠淡红色、淡紫色或桃红色至白色，裂片与花冠管呈直角开展；花期 5~6 月，果期 9~10 月。

分布与生境：

产康定、泸定、九龙、稻城、理塘等县（市），生于海拔 3 100~4 000 m 的林内、灌丛中或河沟边。

刺芒龙胆

Gentiana aristata **Maxim.**

龙胆科 Gentianaceae　龙胆属 *Gentiana*

识别特征：

一年生草本；高 3~10 cm；基生叶卵形或卵状椭圆形，长 7~9 mm，宽 3.0~4.5 mm；茎生叶对折，线状披针形；花多数，单生于小枝顶端；花冠下部黄绿色，上部蓝色、深蓝色或紫红色，喉部具蓝灰色宽条纹，倒锥形；花药弯拱，矩圆形至肾形；花果期 6~9 月。

分布与生境：

产炉霍、甘孜、白玉、德格、石渠、色达、乡城等县，生于海拔 2 900~4 200 m 的林内、草地上或河沟边。

阿墩子龙胆

***Gentiana atuntsiensis* W. W. Smith**

龙胆科 Gentianaceae　龙胆属 *Gentiana*

识别特征：

多年生草本；高 5~20 cm；枝 2~5 个丛生，茎具乳突；叶狭椭圆形或倒披针形，茎生叶 3~4 对，匙形或倒披针形；花萼裂片反折；花冠深蓝色，偶具蓝色斑点，无条纹；花果期 6~11 月。

分布与生境：

产康定、稻城县等县（市），生于海拔 2 700~4 800 m 的林下、灌丛中、高山草甸。

天蓝龙胆

Gentiana caelestis **(Marq.) H. Smith**

龙胆科 Gentianaceae　龙胆属 *Gentiana*

识别特征：

多年生草本；高 5~8 cm；茎具乳突；莲座丛叶不发达，披针形；茎生叶多对，密集；花萼长为花冠的 1/3~1/2，萼筒倒锥状筒形；花冠上部淡蓝色，下部黄绿色，具蓝色条纹和斑点；花萼以上突然膨大，裂片三角形或卵状三角形，先端急尖；花期 8~9 月。

分布与生境：

产九龙、稻城、乡城、炉霍等县，生于海拔 3 000~4 500 m 的灌丛中、草地上、河沟边或流石滩。

黄白龙胆

Gentiana prattii **Kusnez.**

龙胆科 Gentianaceae　龙胆属 *Gentiana*

识别特征：

一年生草本；茎密被细乳突；基生叶大，卵圆形；茎生叶小，密集，边缘密生小睫毛，下部叶边缘软骨质，中、上部叶边缘膜质；花萼边缘膜质，常密生小睫毛；花冠黄绿色，外面有黑绿色宽条纹；花果期 6~9 月。

分布与生境：

产康定、色达等县（市），生于海拔 4 000~4 600 m 的草地上、河滩地或流石滩。

鳞叶龙胆

Gentiana squarrosa **Ledeb.**

龙胆科 Gentianaceae　龙胆属 *Gentiana*

识别特征：

一年生草本；高 2~8 cm；茎自基部起多分枝，且中上部多次二歧分枝；叶边缘厚软骨质，密生细乳突，两面光滑，基生叶卵形至卵状椭圆形，茎生叶倒卵状匙形或匙形；花萼裂片外反；花冠蓝色；花果期 4~9 月。

分布与生境：

产康定、稻城、道孚等县（市），生于海拔 2 300~3 700 m 的灌丛中或草地上。

湿生扁蕾

Gentianopsis paludosa **(Hook. f.) Ma**

龙胆科 Gentianaceae　扁蕾属 *Gentianopsis*

识别特征：

一年生草本；高 3.5~40.0 cm；茎单生；基生叶 3~5 对，匙形，基部狭缩成柄；茎生叶 1~4 对，矩圆形或椭圆状披针形；花萼筒形，长为花冠之半，裂片近等长，外对狭三角形，内对卵形，全部裂片先端急尖；花冠蓝色，或下部黄白色，上部蓝色；花果期 7~10 月。

分布与生境：

广布甘孜州各县（市），生于海拔 2 800~4 700 m 的林内、灌丛中、草地上或流石滩。

椭圆叶花锚

Halenia elliptica **D. Don**

龙胆科 Gentianaceae　花锚属 *Halenia*

识别特征：

一年生草本；茎直立，上部具分枝；单叶对生，基生叶椭圆形，叶脉 3 条，茎生叶卵形至卵状披针形，叶脉 5 条；聚伞花序腋生和顶生；花萼裂片椭圆形或卵形；花冠蓝色或紫色；花果期 7~9 月。

分布与生境：

广布甘孜州各县（市），生于海拔 2 700~4 200 m 的林内、灌丛中、草地上或河沟边。

长叶肋柱花

***Lomatogonium longifolium* H. Smith**

龙胆科 Gentianaceae　肋柱花属 *Lomatogonium*

识别特征：

多年生草本；基生叶及下部茎生叶匙形；茎生叶披针形至线状披针形；花萼裂片线形；花冠蓝色，裂片椭圆形至椭圆状披针形，腺窝大而管形；花丝线形，花药蓝色，线状矩圆形；花果期 8~11 月。

分布与生境：

产稻城县，生于海拔 3 800~4 200 m 的灌丛中或草地上。

川西獐牙菜

Swertia mussotii **Franch.**

龙胆科 Gentianaceae　獐芽菜属 *Swertia*

识别特征:

一年生草本；茎多分枝塔形；叶卵状披针形至狭披针形，基部略呈心形，半抱茎；圆锥状复聚伞花序；花萼长为花冠的 1/2~2/3；花冠暗紫红色，基部具 2 个腺窝，腺窝沟状，边缘具柔毛状流苏；花果期 7~10 月。

分布与生境:

产康定、丹巴、稻城、道孚、甘孜、德格、石渠、乡城等县（市），生于海拔 2 300~3 700 m 的林内、灌丛中或河沟边。

垫紫草

***Chionocharis hookeri* (Clarke) Johnst.**

紫草科 Boraginaceae　垫紫草属 *Chionocharis*

识别特征：

多年生垫状草本；植物体近半球形；叶扇状楔形，密集；花单朵顶生；花萼5深裂；花冠钟状，淡蓝色，喉部附属物横向皱褶状或半月形；花果期5~9月。

分布与生境：

产德格、道孚等县，生于海拔3 800~5 000 m的草地上或流石滩。

西南琉璃草

Cynoglossum wallichii G. Don

紫草科 Boraginaceae　**琉璃草属** *Cynoglossum*

识别特征：

二年生直立草本；叶披针形或倒卵形，两面密生基部具基盘的硬毛及伏毛；花序顶生及腋生，叉状分枝；花冠蓝色或蓝紫色，喉部有5个梯形附属物；小坚果卵形，长3~4 mm，具宽翅边；花果期5~8月。

分布与生境：

产康定、泸定、九龙、巴塘、稻城、乡城、得荣等县（市），生于海拔1 500~3 800 m的林内、灌丛中、草地上或河沟边。

白苞筋骨草

Ajuga lupulina Maxim.

唇形科 Labiatae　筋骨草属 *Ajuga*

识别特征：

多年生草本；植株直立；叶披针状长圆形，边缘疏生波状圆齿或几全缘；穗状聚伞花序由多数轮伞花序组成；苞叶比花长，白黄、白或绿紫色，卵形或阔卵形；花冠白、白绿或白黄色，具紫色斑纹，冠檐二唇形；花期 7~9 月，果期 8~10 月。

分布与生境：

产康定、九龙、雅江、理塘、巴塘、稻城、乡城、道孚、炉霍、白玉、德格等县（市），生于海拔 1 900~4 200 m 的灌丛中、草地上或河滩地。

美花圆叶筋骨草

Ajuga ovalifolia **Bur. et Franch. var.** ***calantha*** **(Diels ex Limpricht) C. Y. Wu et C. Chen**
唇形科 Labiatae　筋骨草属 ***Ajuga***

识别特征：

一年生草本；植株具短茎，高 3~6（~12）cm；叶常 2 对，稀 3 对，叶宽卵形或近菱形，长 4~6 cm，宽 3~7 cm，基部下延；穗状聚伞花序顶生，由 3~4 轮伞花序组成；花冠红紫色至蓝色，长 1.5~2.0（~3.0）cm，冠檐二唇形；花期 6~8 月，果期 8 月以后。

分布与生境：

产康定、巴塘、道孚、甘孜、白玉、德格、色达等县（市），生于海拔 3 000~3 800 m 的草地上。

白花铃子香

Chelonopsis albiflora Pax. et Hoffm.

唇形科 Labiatae　铃子香属 *Chelonopsis*

识别特征：

灌木；叶对生或轮生，披针形，长3~5 cm，宽1.0~1.3 cm，边缘有小锯齿；聚伞花序腋生，1~3 朵花，常单花；花萼钟形，外面有白色柔毛及腺点，齿三角形，短于萼筒；花冠白色；花期 8 月。

分布与生境：

产康定、巴塘、道孚、理塘、稻城等县（市），生于海拔 3 100~3 700 m 的林内或灌丛中。

独一味

Lamiophlomis rotata **(Benth.) Kudo**

唇形科 Labiatae　独一味属 *Lamiophlomis*

识别特征：

多年生草本；叶莲座状，常 4 枚，菱状圆形、菱形、扇形、横肾形至三角形，边缘具圆齿，上面密被白色疏柔毛，具皱；轮伞花序密集排列成有短莛的头状或短穗状花序；花冠淡紫色、红紫色或粉红褐色；花期 6~7 月，果期 8~9 月。

分布与生境：

广布甘孜州各县（市），生于海拔 2 700~4 200 m 的灌丛中、草地上、河滩地或流石滩。

连翘叶黄芩

***Scutellaria hypericifolia* Levl.**

唇形科 Labiatae　黄芩属 *Scutellaria*

识别特征：

多年生草本；植株高 10~30 cm；茎沿棱角上疏被白色平展疏柔毛，余部几无毛，在节上被髯毛；茎叶大多卵圆形，有时上部者长圆形；花序总状；苞片下部者似叶，其余的远变小；花萼具盾片；花冠白色、绿白色至紫色、紫蓝色；花期 6~8 月，果期 8~9 月。

分布与生境：

广布甘孜州各县（市），生于海拔 2 600~4 500 m 的林内、灌丛中、草地上或流石滩。

康定鼠尾草

***Salvia prattii* Hemsl.**

唇形科 Labiatae　鼠尾草属 *Salvia*

识别特征：

多年生直立草本；叶长圆状戟形或卵状心形，两面被微硬伏毛，下面密被深紫色腺点；轮伞花序 2~6 朵花；花萼长 1.6~1.9 cm；花冠红色或青紫色，劲直，长 4~5 cm；花丝比药隔长；花期 7~9 月。

分布与生境：

产康定、雅江、甘孜、白玉、德格、石渠等县（市），生于海拔 3 200~4 800 m 的林内、草地上、沼泽地或流石滩。

茄参

Mandragora caulescens C. B. Clarke

茄科 Solanaceae　**茄参属** *Mandragora*

识别特征：

多年生草本；植株高 20~60 cm；茎伸长，上部常分枝；叶倒卵状矩圆形至矩圆状披针形，基部渐狭而下延到叶柄成狭翼状；花单独腋生，常多花同叶集生于茎端似簇生；花萼及花冠辐状钟形，花冠5中裂，暗紫色；花果期 5~8 月。

分布与生境：

产康定、泸定、九龙、雅江、巴塘、得荣、甘孜等县（市），生于海拔 2 500~4 400 m 的林内、灌丛中或草地上。

鞭打绣球

Hemiphragma heterophyllum **Wall.**
玄参科 Scrophulariaceae　鞭打绣球属 *Hemiphragma*

识别特征：

多年生铺散状匍匐草本；全体被短柔毛；叶2型，主茎上的叶对生，圆形至肾形，边缘共有锯齿5~9对，分枝上的叶簇生，针形；花单生叶腋；花冠白色至玫瑰色；果实卵球形，红色；花期4~6月，果期6~8月。

分布与生境：

广布甘孜州各县（市），生于海拔2 800~4 200 m的林内、灌丛中、草地上或石缝。

肉果草

Lancea tibetica **Hook. f. et Hsuan**

玄参科 Scrophulariaceae　肉果草属 *Lancea*

识别特征：

多年生草本；植株高 3~7 cm，除叶柄有毛外其余无毛；叶 6~10，倒卵形至倒卵状矩圆形或匙形；花萼革质；花冠深蓝色或紫色，花冠筒长 8~13 mm，下唇中裂全缘；雄蕊着生近花冠筒中部，花丝无毛；花期 5~7 月，果期 7~9 月。

分布与生境：

广布甘孜州各县（市），生于海拔 2 800~4 600 m 的林内、草地上、河沟边或流石滩。

尼泊尔沟酸浆

Mimulus tenellus **Bunge var.** ***nepalensis*** **(Benth.) Tsoong**

玄参科 **Scrophulariaceae**　**沟酸浆属** ***Mimulus***

识别特征：

多年生草本；叶卵形至卵状矩圆形，边缘具明显的疏锯齿；花梗与叶柄近等长；花萼圆筒形，长约 5 mm，果期肿胀成囊泡状，增大近 1 倍，沿肋偶被绒毛，或有时稍具窄翅，萼口平截，萼齿 5，细小，刺状；花冠黄色；花果期 6~9 月。

分布与生境：

产泸定县，生于海拔 1 300~2 200 m 的水边、湿地。

鹅首马先蒿

Pedicularis chenocephala **Diels**

玄参科 Scrophulariaceae　马先蒿属 *Pedicularis*

识别特征：

多年生草本；叶常 3 枚轮生，线状长圆形，羽状全裂；花序头状；花冠玫瑰色，盔直立部分很长，含有雄蕊部分宽达 7 mm，前方骤狭为短喙，长仅 1 mm 左右，似鹅鸭头部；花期 5~6 月。

分布与生境：

产康定、道孚、甘孜、石渠等县（市），生于海拔 4 000~5 000 m 的灌丛中、草地上或流石滩。

凸额马先蒿

Pedicularis cranolopha **Maxim.**

玄参科 Scrophulariaceae　**马先蒿属** *Pedicularis*

识别特征：

多年生草本；叶羽状深裂；萼前方开裂至2/5~1/2，齿3枚，侧方者大而叶状，羽状全裂；花冠长4~5 cm，盔直立部分略前俯，盔额有鸡冠状凸起，下唇侧裂多少褶扇形，端圆而不凹；花期6~7月。

分布与生境：

产康定、理塘、巴塘、乡城、道孚、炉霍、甘孜、德格、石渠等县（市），生于海拔2 600~4 200 m的林内、灌丛中或草地上。

极丽马先蒿

Pedicularis decorissima **Diels**

玄参科 Scrophulariaceae　马先蒿属 *Pedicularis*

识别特征：

多年生草本；茎多条；叶多羽状深裂，偶有羽状浅裂者；花冠浅红色，管极长，达 12 cm，外面有疏毛，盔直立部分的基部很狭，含有雄蕊部分膨大，前方成为卷曲成大半环的喙，在喙的上半部突然膨大为极高的鸡冠状凸起；花期 5~10 月。

分布与生境：

产康定、理塘、稻城、道孚、炉霍、甘孜等县（市），生于海拔 2 600~3 900 m 的林内、灌丛中或草地上。

细管马先蒿

Pedicularis gracilituba Li

玄参科 Scrophulariaceae　**马先蒿属** *Pedicularis*

识别特征：

多年生草本；茎多数成密丛，细弱；叶披针状长圆形，羽状全裂，裂片卵形至卵状长圆形，有深锐锯齿；萼齿 5；花冠紫色，盔自直立部分基部至顶约高 6 mm，下唇中裂卵形而短；花期 6~7 月。

分布与生境：

产泸定县，生于海拔 3 600~4 000 m 的高山草地上和林内。

绒舌马先蒿

Pedicularis lachnoglossa **Hk. f.**

玄参科 Scrophulariaceae　马先蒿属 *Pedicularis*

识别特征：

多年生草本；叶披针状线形，羽状全裂；花序总状，花常有间歇；花冠紫红色，管在萼内稍稍前俯，盔部有直而细之喙，喙端有刷毛，下唇 3 深裂，裂片卵状披针形，锐头，有长而密的浅红褐色缘毛；花期 6~7 月，果期 8 月。

分布与生境：

广布甘孜州各县（市），生于海拔 3 000~4 500 m 的林内、灌丛中或草地上。

管状长花马先蒿

***Pedicularis longiflora* Rudolph var. *tubiformis* (Klortz) Tsoong**

玄参科 Scrophulariaceae　马先蒿属 *Pedicularis*

识别特征：

一年生草本；叶羽状浅裂或深裂，裂片5~9对，有重锯齿；花冠黄色，冠筒被毛，上唇上端转向前上方，前端具细喙成半环状卷曲，下唇宽大于长，近喉部有2个棕红色斑点，3裂片先端均凹头；花期5~10月。

分布与生境：

产康定、泸定、雅江、巴塘、稻城、乡城、甘孜、新龙、德格等县（市），生于海拔2 600~4 500 m的林内、灌丛中、草地上或流石滩。

欧氏马先蒿

Pedicularis oederi Vahl

玄参科 Scrophulariaceae　**马先蒿属** *Pedicularis*

识别特征：

多年生草本；高 5~10 cm，叶线状披针形至线形，羽状全裂，裂片在芽中作鱼鳃状迭置；苞片披针形至线状披针形；萼齿披针形至线形；花冠多 2 色，盔端紫黑色，其余黄白色，有时下唇及盔的下部亦有紫斑；花期 6 月底至 9 月初。

分布与生境：

产康定、甘孜、德格等县（市），生于海拔 3 000~4 300 m 的林内、草地上或沼泽地。

大王马先蒿

Pedicularis rex **C. B. Clarke ex Maxim.**

玄参科 Scrophulariaceae　马先蒿属 *Pedicularis*

识别特征：

多年生草本；叶 3~5 枚而常以 4 枚轮生，大部分叶柄与苞片结合成斗状体；叶变异极大，羽状全裂或深裂；花序总状，苞片基部均膨大而结合为 4，脉纹明显；花冠黄色；花期 6~8 月，果期 8~9 月。

分布与生境：

产康定、九龙、雅江、巴塘、稻城、乡城、道孚、德格等县（市），生于海拔 2 200~4 000 m 的林内、灌丛中或草地上。

粗野马先蒿

Pedicularis rudis **Maxim.**

玄参科 Scrophulariaceae　马先蒿属 *Pedicularis*

识别特征：

多年生草本；高 60~100 cm，上部常有分枝；叶披针状线形，羽状深裂到距中脉 1/3 处；花序长穗状，毛被多具腺点；萼长 5.0~6.5 mm，齿 5 枚，卵形而有锯齿；花冠白色，盔下缘有长须毛，下唇裂片 3，卵状椭圆形，具长缘毛；花期 7~8 月，果期 8~9 月。

分布与生境：

产康定、道孚、炉霍等县（市），生于海拔 2 300~4 300 m 的林内、灌丛中或草地上。

岩居马先蒿

Pedicularis rupicola **Franch. ex Maxim.**

玄参科 Scrophulariaceae　马先蒿属 *Pedicularis*

识别特征：

多年生草本；叶 4 枚轮生，叶卵状长圆形至长圆状披针形，羽状全裂，裂片 6~9 对；花序顶生，穗状；苞片叶状，顶部有齿；萼前方开裂；花冠紫红色，花管在萼内强烈向前膝屈；花期 7~8 月。

分布与生境：

产稻城、乡城等县，生于海拔 3 000~4 600 m 的林内、灌丛中、草地上或流石滩。

四川马先蒿

Pedicularis szetschuanica **Maxim.**

玄参科 Scrophulariaceae　马先蒿属 *Pedicularis*

识别特征：

一年生草本；叶卵状长圆形至长圆状披针形，羽状浅裂至半裂，裂片 5~11；花序穗状而密；花冠紫红色，花管在基部以上约 3.5 mm 处约以 45 度或偶有以较强烈的角度向前膝屈；花期 7 月。

分布与生境：

产康定、雅江、道孚、德格等县（市），生于海拔 3 500~4 100 m 的林内、灌丛中或草地上。

狭管马先蒿

Pedicularis tenuituba Li

玄参科 Scrophulariaceae **马先蒿属** *Pedicularis*

识别特征：

多年生草本；叶长圆形或线形，羽状全裂；萼齿 3，后方 1 枚较小；花冠紫色，盔显著扭旋，有腺毛，额有不明显的长鸡冠状凸起，前方伸长为长喙，显作“S”形，下唇中裂截形；雄蕊花丝仅前方 1 对有疏毛；花期 6~7 月。

分布与生境：

产康定市、道孚县；生于海拔 3 080 m 的高山草地中。

扭旋马先蒿

Pedicularis torta Maxim.

玄参科 Scrophulariaceae　马先蒿属 *Pedicularis*

识别特征：

多年生草本；叶互生或假对生，羽状全裂；花管及下唇黄色，盔紫色，盔在从直立部分的顶端至含有雄蕊部分的中间的一段中作一半周扭旋，恰好使其转向后方，而其“S”形的长喙则先向上，再向后，最后再指向上；花期 6~8 月，果期 8~9 月。

分布与生境：

产康定市，生于海拔 2 500~4 000 m 的草坡上。

毛蕊花

Verbascum thapsus L.

玄参科 Scrophulariaceae **毛蕊花属** *Verbascum*

识别特征：

二年生草本；全株被星状毛；基生叶和下部的茎生叶倒披针状矩圆形，上部茎生叶逐渐缩小而渐变为矩圆形至卵状矩圆形；穗状花序圆柱状；花密集，数朵簇生；花冠黄色；蒴果约与宿存的花萼等长；花期 6~8 月，果期 7~10 月。

分布与生境：

产康定市、白玉县，生于海拔 1 500~3 200 m 的山坡草地、河岸草地。

疏花婆婆纳

***Veronica laxa* Benth.**

玄参科 Scrophulariaceae　婆婆纳属 *Veronica*

识别特征：

陆生草本；植株高（15~）50~80 cm，全体被白色多细胞柔毛；叶对生，卵形或卵状三角形，边缘具深刻的粗锯齿，多为重锯齿；总状花序单支或成对，侧生于茎中上部叶腋，长而花疏离；花冠辐状，紫色或蓝色；蒴果倒心形；花期 6 月。

分布与生境：

产康定、泸定等县（市），生于海拔 1 500~3 100 m 的林内或灌丛草地上。

吊石苣苔

Lysionotus pauciflorus **Maxim.**

苦苣苔科 Gesneriaceae　吊石苣苔属 ***Lysionotus***

识别特征：

小灌木，常附生；叶 3 枚轮生，线形至倒卵状长圆形，边缘中部以上有少数牙齿或全缘；花序有 1~2（~5）朵花；花萼长 3~4（~5）mm，5 裂达或近基部；花冠白色带淡紫色条纹或淡紫色；种子纺锤形；花期 7~10 月。

分布与生境：

产康定市、泸定县；生于海拔 1 400~2 000 m 的丘陵、山地林中、阴处石崖上或树上。

蔗寄生

***Gleadovia ruborum* Gamble et Prain**

列当科 Orobanchaceae　蔗寄生属 *Gleadovia*

识别特征：

肉质寄生草本；叶多数，在茎上螺旋状排列；花常 3 至数朵簇生茎端；小苞片 2 枚，生于花梗的近基部或中部以下，长圆形或匙形；花萼筒状钟形，向上漏斗状扩大，口部直径 1.5~1.8 cm；花冠常红色、蔷薇红色，有香气；花期 4~8 月，果期 8~10 月。

分布与生境：

产泸定县，生于海拔 1 400~3 500 m 的林下湿处或灌丛中。

高山捕虫堇

Pinguicula alpina **L.**

狸藻科 Lentibulariaceae　捕虫堇属 *Pinguicula*

识别特征：

多年生草本；根较粗，粗 0.4~1.0 mm。叶 3~13，基生呈莲座状，长椭圆形，上面密生多数分泌黏液的腺毛，背面无毛；花单生；花梗和花萼无毛；花冠长 9~20 mm，白色，距淡黄色；蒴果卵球形至椭圆球形；花期 5~7 月，果期 7~9 月。

分布与生境：

产泸定、九龙等县，生于海拔 2 300~4 500 m 的林内、灌丛中、草地上或流石滩。

丝裂沙参

Adenophora capillaris Hemsl.

桔梗科 Campanulaceae **沙参属** *Adenophora*

识别特征：

多年生草本；茎单生，高 50~100 cm，茎叶极少被毛；花萼裂片长（3~）6~9（~20）mm；花冠长 10~14（~17）mm，白色、淡蓝色或淡紫色；蒴果大部分为球状，稀见卵状的；花期 7~8 月。

分布与生境：

产康定、泸定、九龙等县（市），生于海拔 1 500~3 800 m 的林内、灌丛中或草地上。

钻裂风铃草

Campanula aristata Wall.

桔梗科 Campanulaceae **风铃草属** *Campanula*

识别特征：

多年生草本；茎常 2 至数支丛生，高 10~50 cm；基生叶卵圆形至卵状椭圆形，茎中下部叶披针形至宽条形，中上部条形；花萼裂片丝状，常比花冠长；花冠蓝色或蓝紫色，长 7~15 mm；蒴果圆柱状；花期 6~8 月。

分布与生境：

产康定、乡城、德格、石渠、色达、白玉、雅江、理塘、稻城、甘孜等县（市），生于海拔 2 800~4 600 m 的林内、灌丛中、草地上或流石滩。

灰毛党参

***Codonopsis canescens* Nannf.**

桔梗科 Campanulaceae　党参属 *Codonopsis*

识别特征：

多年生草本；植被密被毛；叶卵形，阔卵形或近心形，两面密被白色柔毛；花萼筒部半球状；花冠阔钟状，淡蓝色或蓝白色，内面基部具色泽较深的脉纹；蒴果下部半球状，上部圆锥状；花果期 7~10 月。

分布与生境：

广布甘孜州各县（市），生于海拔 2 800~4 200 m 的林内、灌丛中或草地上。

脉花党参

Codonopsis nervosa **(Chipp) Nannf.**

桔梗科 Campanulaceae　党参属 *Codonopsis*

识别特征：

多年生草本，有乳汁；叶阔心状卵形，心形或卵形，下面被较疏的平伏白色柔毛；花单朵；花萼筒部半球状，花萼裂片较小，边缘不反卷，上部被毛；花冠球状钟形，淡蓝白色，内面基部常有红紫色斑；蒴果下部半球状；花期 7~10 月。

分布与生境：

广布甘孜州各县（市），生于海拔 2 300~4 600 m 的林内、灌丛中、草地上或流石滩。

大花党参

***Codonopsis nervosa* (Chipp) Nannf. var. *macrantha* (Nannf.) L. T. Shen**

桔梗科 Campanulaceae 党参属 *Codonopsis*

识别特征：

多年生草本；叶阔心状卵形、心形或卵形，下面被较疏的平伏白色柔毛；花萼裂片较宽大，长 12~20 mm，宽 5~7 mm，边缘向侧后卷叠，全面被毛；花冠球状钟形，长 2.5~4.5 cm，淡蓝白色；蒴果下部半球状；花期 7~10 月。

分布与生境：

产康定、泸定、巴塘、稻城、乡城、雅江、理塘等县（市），生于海拔 3 600~4 700 m 的林内、灌丛中、草地上或流石滩。

抽葶党参

Codonopsis subscaposa **Kom.**

桔梗科 Campanulaceae　党参属 *Codonopsis*

识别特征：

多年生草本，有乳汁；茎直立，叶卵形，长椭圆形或披针形，边缘疏生粗钝锯齿、疏浅波状锯齿或全缘；花常 1~4 朵着生茎顶端，呈花莛状；花萼筒部半球状；花冠阔钟状，5 裂几近中部，黄色而有网状红紫色脉或红紫色而有黄色斑点；花果期 7~10 月。

分布与生境：

广布甘孜州各县（市），生于海拔 2 200~4 500 m 的林内、灌丛中、草地上或流石滩。

绿花党参

Codonopsis viridiflora Maxim.

桔梗科 Campanulaceae　党参属 *Codonopsis*

识别特征：

多年生草本；叶阔卵形至披针形，边缘疏具波状浅钝锯齿，叶脉明显；花 1~3 朵；花萼裂片长 12~15 mm，宽 6~7 mm；花冠钟状，长 1.7~2.0 cm，黄绿色，仅近基部微带紫色；花果期 7~10 月。

分布与生境：

产德格、雅江、乡城等县，生于海拔 3 000~4 500 m 的林内、草地上或流石滩。

蓝钟花

***Cyananthus hookeri* C. B. Clarke.**

桔梗科 Campanulaceae　蓝钟花属 *Cyananthus*

识别特征：

一年生草本；叶互生，菱形、菱状三角形或卵形，边缘有少数钝牙齿或全缘，两面疏被柔毛；花萼外面密生淡褐黄色柔毛，裂片为筒长的 1/3~1/2；花冠紫蓝色，内面喉部密生柔毛；花期 8~9 月。

分布与生境：

产康定、丹巴、九龙、理塘、稻城、乡城、道孚、炉霍、石渠、巴塘等县（市），生于海拔 2 800~4 700 m 的林内、灌丛中、草地上或流石滩。

灰毛蓝钟花

***Cyananthus incanus* Hook. f. et Thoms.**

桔梗科 Campanulaceae 蓝钟花属 *Cyananthus*

识别特征：

多年生草本；叶卵状椭圆形，两面均被短柔毛；花萼短筒状，花期稍下窄上宽，果期下宽上窄，密被倒伏刚毛或无毛；花冠蓝紫色或深蓝色，为花萼长的 2.5~3 倍；裂片倒卵状长矩圆形，约占花冠长的 2/5；花期 8~9 月。

分布与生境：

产稻城、乡城、白玉、得荣、色达等县，生于海拔 3 000~4 800 m 的林内、灌丛中、草地上或流石滩。

大萼蓝钟花

Cyananthus macrocalyx **Franch.**

桔梗科 Campanulaceae　蓝钟花属 ***Cyananthus***

识别特征：

多年生草本；茎基粗壮，木质化，顶端密被膜质鳞片；叶菱形、近圆形或匙形，长 5~7 mm，上面被疏而短的伏毛，下面毛较密而长，基部下延形成叶柄，柄长 2~4 mm；花冠黄色，有时带有紫色或红色条纹，或下部紫色；花期 7~8 月。

分布与生境：

产康定、稻城、乡城、道孚、色达等县（市），生于海拔 3 300~4 800 m 的林内、灌丛中、草地上或流石滩。

云南蓍

***Achillea wilsoniana* Heimerl ex Hand.-Mazz.**

菊科 Compositae　蓍属 *Achillea*

识别特征：

多年生草本；叶 2 回羽状全裂，裂片椭圆状披针形，下面被较密的柔毛；叶无柄；头状花序多数，集成复伞房花序；总苞宽钟形或半球形；边花 6~8（~16）朵，舌片白色，偶有淡粉红色边；管状花淡黄色或白色；花果期 7~9 月。

分布与生境：

产康定、稻城等县（市），生于山坡草地或灌丛中。

珠光香青

***Anaphalis margaritacea* (L.) Benth. et Hook. f.**

菊科 Compositae　香青属 *Anaphalis*

识别特征：

多年生草本；叶线状披针形，上面被蛛丝状毛，下面被灰白色或浅褐色厚棉毛；头状花序多数，排列成复伞房状；总苞宽钟状或半球状；总苞片 5~7；花果期 6~11 月。

分布与生境：

产康定、泸定、九龙、稻城等县（市），生于海拔 2 000~4 100 m 的林内、灌丛中或草地上。

萎软紫菀

Aster flaccidus **Bge.**

菊科 Compositae　紫菀属 *Aster*

识别特征：

多年生草本；植株被密或较疏的长毛，常杂有腺毛；叶匙形或长圆状匙形，两面被密长毛或近无毛，或有腺；总苞径 1.5~3.0 cm，宽 1.5~2.2 mm；舌状花 40~60 朵，舌片紫色；管状花黄色，长 5.5~6.5 mm；瘦果；花果期 6~11 月。

分布与生境：

产康定、泸定、九龙、稻城、石渠、道孚等县（市），生于海拔 2 000~4 200 m 的林内、灌丛中、草地上或河沟边。

褐毛垂头菊

Cremanthodium brunneopiloesum S. W. Liu

菊科 Compositae　**垂头菊属** *Cremanthodium*

识别特征：

多年生草本；叶长椭圆形至披针形；头状花序 1~13，常呈总状花序；总苞被密的褐色有节长柔毛，基部苞片披针形至线形，草质，绿色；舌状花黄色，舌片线状披针形，膜质近透明；花果期 6~9 月。

分布与生境：

产德格、石渠等县，生于海拔 3 500~4 300 m 的草地上、沼泽地或河沟边。

钟花垂头菊

***Cremanthodium campanulatum* (Franch.) Diels**

菊科 Compositae　垂头菊属 *Cremanthodium*

识别特征：

多年生草本；叶肾形，叶脉掌状，边缘具浅圆齿；头状花序单生；总苞钟形，总苞片 10~14，淡紫红色至紫红色，花瓣状，倒卵状长圆形或宽椭圆形，先端圆形，背部被黑紫色有节柔毛；花果期 5~9 月。

分布与生境：

产康定、泸定、稻城、乡城、炉霍、石渠等县（市），生于海拔 3 200~4 800 m 的灌丛中、草地上或流石滩。

银叶火绒草

Leontopodium souliei **Beauv.**

菊科 Compositae　火绒草属 *Leontopodium*

识别特征：

多年生草本；莲座状叶丛存在，被白色蛛丝状长柔毛；叶狭条形或舌状条形，被银白色绢状绒毛；苞叶多数，密集；头状花序径 5~7 mm，少数密集；总苞片被长柔毛状密绒毛，顶端无毛，褐色，冠毛白色；花果期 7~9 月。

分布与生境：

产康定、雅江、巴塘、稻城、乡城、道孚等县（市），生于海拔 3 100~4 000 m 的林内、灌丛中或草地上。

黄帚橐吾

Ligularia virgaurea **(Maxim.) Mattf.**

菊科 Compositae　橐吾属 ***Ligularia***

识别特征：

多年生草本；基生叶直立，灰绿色，两面光滑，叶脉羽状，茎生叶卵形至卵状披针形，长于节间，常抱茎；头状花序辐射状；总苞陀螺形或杯状，总苞片 10~14；舌状花 5~14 朵，黄色，舌片线形；管状花多数，冠毛白色；花果期 7~9 月。

分布与生境：

广布甘孜州各县（市），生于海拔 2 700~4 300 m 的林内、灌丛中、草地上或河沟边。

异叶帚菊

***Pertya berberidoides* (Hand.-Mazz.) Y. C. Tseng**

菊科 Compositae　帚菊属 *Pertya*

识别特征：

灌木；长枝上的叶互生，扁平，卵形或卵状披针形，短枝簇生叶异型，略背卷，上面被白色星状毛，下面无毛；头状花序多而小，单生于簇生叶丛中或小枝之顶，具花5~6朵；总苞片6~7层；瘦果圆柱形，密被白色倒伏的长柔毛；花期6~9月。

分布与生境：

产雅江、乡城等县，生于海拔2 500~3 200 m的林内或灌丛中。

川西小黄菊

Pyrethrum tatsienense **(Bur. et Franch.) Ling ex Shih**

菊科 Compositae　匹菊属 *Pyrethrum*

识别特征：

多年生草本；叶 2 回羽状分裂，2 回为掌状或掌式羽状分裂；头状花序单生茎顶；总苞片边缘黑褐色或褐色膜质；舌状花橘黄色或微带橘红色；舌片线形或宽线形，长达 2 cm；瘦果；冠状冠毛长 0.1 mm；花果期 7~9 月。

分布与生境：

广布甘孜州各县（市），生于海拔 2 800~4 400 m 的林内、灌丛中、草地上或流石滩。

星状雪兔子

Saussurea stella **Maxim.**

菊科 Compositae　风毛菊属 *Saussurea*

识别特征：

无茎莲座状草本；全株无毛；叶星状排列，线状披针形，紫红色，近基部紫红色或绿色；头状花序在莲座状叶丛中成半球形的总花序；瘦果圆柱状，顶端具膜质的冠状边缘，冠毛白色；花果期 7~9 月。

分布与生境：

广布甘孜州各县（市），生于海拔 3 200~4 700 m 的灌丛中、草地上、河沟边或流石滩。

鬼吹箫

Leycesteria formosa **Wall.**

忍冬科 Caprifoliaceae　鬼吹箫属 *Leycesteria*

识别特征：

灌木；全体常被或疏或密的暗红色短腺毛；叶卵状披针形至卵形，下面疏生弯伏短柔毛或近无毛；穗状花序顶生或腋生，每节具6朵花；萼裂片长1~3（~5）mm；花冠白色或粉红色，有时带紫红色；花期（5~）6~9（~10）月，果熟期（8~）9~10月。

分布与生境：

广布甘孜州各县（市），生于海拔1 800~3 300 m的林内、灌丛中或河沟边。

刚毛忍冬

Lonicera hispida **Pall. ex Roem. et Schult.**

忍冬科 Caprifoliaceae　忍冬属 *Lonicera*

识别特征：

灌木；小枝具白色、密实的髓；幼枝常带紫红色，连同叶柄和总花梗均具刚毛或兼具微糙毛和腺毛；叶椭圆形至矩圆形，边缘有刚睫毛；相邻两萼筒分离，常具刚毛和腺毛；花冠白色或淡黄色，筒基部具囊；果实先黄色后变红色；花期 5~6 月，果熟期 7~9 月。

分布与生境：

广布甘孜州各县（市），生于海拔 2 700~4 600 m 的林内、灌丛中、草地上或流石滩。

红脉忍冬

Lonicera nervosa **Maxim.**

忍冬科 Caprifoliaceae　忍冬属 *Lonicera*

识别特征:

灌木；叶纸质，初发时带红色，椭圆形至卵状矩圆形，上面中脉、侧脉和细脉均带紫红色；相邻两萼筒分离；花冠先白色后变黄色，内面基部密被短柔毛，基部具囊；果实黑色；花期 6~7 月，果熟期 8~9 月。

分布与生境:

产康定、九龙、道孚、炉霍、稻城等县（市），生于海拔 2 100~4 000 m 的山麓林下、灌丛中或山坡草地上。

凹叶忍冬

Lonicera retusa **Franch.**

忍冬科 Caprifoliaceae　忍冬属 *Lonicera*

识别特征：

灌木；幼枝、叶柄和总花梗无毛；叶纸质，倒卵形至宽卵形，下面灰白色，常有白粉及微毛；相邻两萼筒全部合生或有时顶端分离；花冠由白色变黄色，基部带淡红色，唇形，筒基部有囊；花期 5~6 月，果熟期 9~10 月。

分布与生境：

产康定、丹巴、雅江等县（市），生于海拔 1 800~3 200 m 的林内、灌丛中或河沟边。

唐古特忍冬

Lonicera tangutica **Maxim.**

忍冬科 Caprifoliaceae　忍冬属 *Lonicera*

识别特征：

灌木；叶纸质，倒披针形至矩圆形，两面常被稍弯的短糙毛；小苞片分离或连合，长为萼筒的 1/5~1/4；相邻两萼筒中部以上至全部合生；花冠白色、黄白色或有淡红色晕，筒基部稍一侧肿大或具浅囊；果实红色；花期 5~6 月，果熟期 7~8 月。

分布与生境：

广布甘孜州各县（市），生于海拔 2 100~4 300 m 的林内、灌丛中、草地上或河沟边。

华西忍冬

Lonicera webbiana Wall. ex DC.

忍冬科 Caprifoliaceae 忍冬属 *Lonicera*

识别特征：

灌木；小枝具白色、密实的髓；叶纸质，卵状椭圆形至卵状披针形，边缘常不规则波状起伏或有浅圆裂，两面有疏或密的糙毛及疏腺；相邻两萼筒分离；花冠紫红色或绛红色；果实先红色后转黑色；花期 5~6 月，果熟期 8 月中旬至 9 月。

分布与生境：

广布甘孜州各县（市），生于海拔 2 500~4 300 m 的林内、灌丛中、草地上或河沟边。

显脉荚蒾

Viburnum nervosum **D. Don**

忍冬科 Caprifoliaceae　荚蒾属 *Viburnum*

识别特征：

落叶灌木或小乔木；幼枝、叶下面中脉和侧脉、叶柄和花序均疏被鳞片状或糠粃状簇状毛；叶卵形至宽卵形；花冠白色或带微红；果实先红色后变黑色；花期 4~6 月，果熟期 9~10 月。

分布与生境：

产康定、泸定、九龙、丹巴等县（市），生于海拔 2 200~3 100 m 的林内、灌丛中或河沟边。

甘松

***Nardostachys chinensis* Batal.**

败酱科 Valerianaceae　甘松属 *Nardostachys*

识别特征：

多年生草本；基出叶丛生，线状狭倒卵形，3~5 平行主脉，茎生叶 1~2 对，对生，长圆状线形；聚伞花序头状，花后主轴及侧轴常明显伸长，使聚伞花序成总状排列；花冠紫红色，顶端 5 裂；雄蕊 4；花期 6~8 月。

分布与生境：

产康定、炉霍、甘孜、德格、色达、道孚等县（市），生于海拔 3 400~4 300 m 的灌丛中、草地上或流石滩。

川续断

Dipsacus asperoides **C. Y. Cheng et T. M. Ai**
川续断科 Dipsacaceae　川续断属 *Dipsacus*

识别特征：

多年生草本；茎棱上具较密的钩刺；叶面被白色刺毛或乳头状刺毛，背面沿脉密被刺毛；头状花序球形；花冠淡黄色或白色，花冠管长 9~11 mm，基部狭缩成细管；花期 7~9 月，果期 9~11 月。

分布与生境：

产康定、泸定、丹巴、道孚、稻城、乡城、雅江等县（市），生于海拔 1 500~4 500 m 的林内、灌丛中、草地上或河沟边。

刺续断

***Morina nepalensis* D. Don**

川续断科 Dipsacaceae　刺续断属 *Morina*

识别特征：

多年生草本；茎单一或2~3分枝；基生叶线状披针形，茎生叶对生，2~4对，长圆状卵形至披针形；假头状花序顶生，含10~20朵花；萼具5刺齿，有时达10枚以上；花冠红色或紫色；雄蕊4，2强；花期6~8月，果期7~9月。

分布与生境：

广布甘孜州各县（市），生于海拔3 200~3 500 m的灌丛中、草地上或河沟边。

白花刺参

Morina nepalensis **D. Don var.** ***alba*** **(Hand.-Mazz.) Y. C. Tang**

川续断科 Dipsacaceae　刺续断属 ***Morina***

识别特征：

多年生草本；植株较纤细，高 10~40 cm；叶线状披针形，宽 5~9 mm；花萼全绿色，长 5~8 mm；花冠白色，裂片长 3 mm；花期 7~9 月，果期 9~11 月。

分布与生境：

产康定、稻城、道孚、炉霍、德格、石渠、理塘、乡城、甘孜等县（市），生于海拔 2 500~4 200 m 的林内、灌丛中或草地上。

裂叶翼首花

Pterocephalus bretschneideri (Bat.) Pritz.

川续断科 Dipsacaceae　**翼首花属** *Pterocephalus*

识别特征：

多年生草本；叶密集丛生成莲座状，狭长圆形至倒披针形，1~2 回羽状深裂至全裂；头状花序扁球形；小总苞椭圆状倒卵形，具 8 棱，密被白色糙毛；花萼全裂，呈 8 条棕褐色刚毛状；花冠淡粉色至紫红色，4 裂；花期 7~8 月，果期 9~10 月。

分布与生境：

产康定、丹巴、九龙、巴塘、稻城、泸定等县（市），生于海拔 1 600~4 200 m 的林内、灌丛中或草地上。

海韭菜

Triglochin maritimum **L.**

眼子菜科 Potamogetonaceae　水麦冬属 *Triglochin*

识别特征：

多年生草本；植株稍粗壮；叶条形；总状花序排列较紧密；花梗长约 1 mm，心皮 6 枚；蒴果六棱状椭圆形或卵形，成熟后呈 6 瓣开裂；花果期 6~10 月。

分布与生境：

产康定、九龙、巴塘、稻城、道孚、炉霍、白玉、德格、甘孜等县（市），生于海拔 2 900~4 200 m 的湖边、河沟边或沼泽地。

腺毛粉条儿菜

Aletris glandulifera **Bur. et Franch.**

百合科 Liliaceae　粉条儿菜属 *Aletris*

识别特征：

多年生草本；叶纸质，条形，长 5~18 cm，宽 2~5 mm；花莛高 10~30 cm，有腺毛；总状花序；苞片 2，位于花梗的上端，1 枚明显长于花 1 倍多；花被白色，裂片卵形至矩圆状卵形，先端钝，有腺毛；花期 7 月。

分布与生境：

产康定、泸定、九龙等县（市），生于海拔 2 500~4 100 m 的林内、灌丛中或草地上。

少花粉条儿菜

Aletris pauciflora (Klotz.) Franch.

百合科 Liliaceae　粉条儿菜属 *Aletris*

识别特征：

多年生草本；植株较粗壮；叶簇生，披针形或条形；花莛高 8~20 cm，总状花序；苞片 2，位于花梗上端，1 枚超过花 1~2 倍；花被近钟形，暗红色、浅黄色或白色，裂片卵形，无毛，长约 2 mm；无明显的花柱；花果期 6~9 月。

分布与生境：

产泸定、九龙、稻城、乡城等县，生于海拔 2 200~4 000 m 的林内、灌丛中或草地上。

卵叶韭

Allium ovalifolium **Hand. -Mzt.**

百合科 Liliaceae 葱属 *Allium*

识别特征：

多年生草本；鳞茎破裂成纤维状，呈明显的网状；叶 2，基部圆形至浅心形；叶柄和叶片有乳头状突起；花白色；内轮花被片比外轮的窄，先端钝或凹陷，或具不规则小齿；花果期 7~9 月。

分布与生境：

产康定、丹巴、九龙、稻城、道孚、泸定等县（市），生于海拔 3 000~4 000 m 的林内、灌丛中、草地上或河沟边。

高山韭

***Allium sikkimense* Baker**

百合科 Liliaceae 葱属 *Allium*

识别特征：

多年生草本；鳞茎数枚聚生，圆柱状；鳞茎外皮暗褐色，纤维状，下部近网状；叶狭条形，扁平；花钟状，天蓝色；花被片先端钝，内轮比外轮长且宽，内轮的边缘具不规则小齿；花果期 7~9 月。

分布与生境：

广布甘孜州各县（市），生于海拔 2 500~5 000 m 的林内、灌丛中、草地上或流石滩。

大百合

Cardiocrinum giganteum (Wall.) Makino

百合科 Liliaceae **大百合属** *Cardiocrinum*

识别特征：

多年生草本；茎直立，中空，高 1~2 m；叶卵状心形或近宽矩圆状心形；总状花序有花 10~16 朵，无苞片；花狭喇叭形，白色，具淡紫红色条纹；蒴果近球形，红褐色，具 6 钝棱；花期 6~7 月，果期 9~10 月。

分布与生境：

产康定、泸定、九龙等县（市），生于海拔 2 000~3 600 m 的林内、灌丛中或河沟边。

七筋姑

Clintonia udensis Trautv. et Mey.

百合科 Liliaceae　**七筋姑属** *Clintonia*

识别特征：

多年生草本；叶基生，3~4 枚，椭圆形、倒卵状矩圆形或倒披针形；总状花序有花 3~12 朵；花白色，少有淡蓝色；花药背着，半外向开裂；浆果或自顶端至中部沿背缝线作蒴果状开裂；花期 5~6 月，果期 7~10 月。

分布与生境：

产康定、泸定、丹巴、道孚等县（市），生于海拔 2 600~4 000 m 的林内、灌丛中或河沟边。

独尾草

Eremurus chinensis **Fedtsch.**

百合科 Liliaceae　独尾草属 *Eremurus*

识别特征：

多年生草本；植株高 60~120 cm；根肉质，肥大；叶基生，条形；总状花序；苞片先端有长芒，无毛；花梗上端有关节；花被片长椭圆形，白色；雄蕊短，藏于花被内；蒴果；花期 6 月，果期 7 月。

分布与生境：

产康定、巴塘、乡城、得荣、稻城、泸定等县（市），生于海拔 1 600~2 700 m 的林内、灌丛中或草地上。

川贝母

***Fritillaria cirrhosa* D. Don**

百合科 Liliaceae　贝母属 *Fritillaria*

识别特征：

多年生草本；叶多对生，少数在中部兼有散生或3~4枚轮生的，条形至条状披针形；花常单朵，下垂，紫色至黄绿色，常有小方格；苞片3；外花被片比内花被片狭窄；花药近基着；蒴果有狭翅；花期5~7月，果期8~10月。

分布与生境：

广布甘孜州各县（市），生于海拔3 600~4 300 m的林内、灌丛中、草地上或流石滩。

甘肃贝母

Fritillaria przewalskii **Maxim. ex Batal.**

百合科 Liliaceae　贝母属 *Fritillaria*

识别特征：

多年生草本；叶对生或散生，条形；花常单朵，浅黄色，有黑紫色斑点；叶状苞片 1，先端稍卷曲或不卷曲；花药近基着，花丝具小乳突；柱头长不及 1 mm，极个别的长达 2 mm；蒴果有狭翅；花期 6~7 月，果期 8 月。

分布与生境：

产甘孜、德格、石渠等县，生于海拔 3 500~4 200 m 的灌丛中或草地上。

川百合

Lilium davidii Duchartre

百合科 Liliaceae　百合属 *Lilium*

识别特征：

多年生草本；鳞片宽卵形；茎高 50~100 cm，密被乳突；叶多数，散生，条形；花单生或 2~8 朵组成总状花序；花下垂，橙黄色，有紫黑色斑点；花被片反卷，蜜腺两边有乳头状突起；花期 7~8 月，果期 9 月。

分布与生境：

产康定、泸定、丹巴、乡城、九龙、理塘、巴塘等县（市），生于海拔 1 500~3 500 m 的林内、灌丛中或草地上。

宝兴百合

Lilium duchartrei **Franch.**

百合科 Liliaceae　百合属 *Lilium*

识别特征：

多年生草本；鳞茎卵圆形，具走茎；叶散生，披针形至矩圆状披针形；花单生或数朵排成总状花序或近伞房花序、伞形总状花序；花下垂，白色或粉红色，有紫色斑点；花被片反卷，蜜腺两边有乳头状突起；花期7月，果期9月。

分布与生境：

产康定、泸定、丹巴、九龙等县（市），生于海拔2 000~3 300 m的林内、灌丛中或草地上。

尖被百合

Lilium lophophorum **(Bur. et Franch.) Franch.**

百合科 Liliaceae　百合属 *Lilium*

识别特征：

多年生草本；叶形多变，边缘有乳头状突起；苞片叶状披针形；花黄色、淡黄色或淡黄绿色；花被片披针形或狭卵状披针形，内轮花被片蜜腺两边具流苏状突起；雄蕊向中心靠拢；蒴果矩圆形；花期 6~7 月，果期 8~9 月。

分布与生境：

产康定、泸定、九龙、雅江、稻城、乡城、道孚、理塘、巴塘等县（市），生于海拔 2 700~4 200 m 的林内、灌丛中或草地上。

通江百合

Lilium sargentiae **Wilson**

百合科 Liliaceae　百合属 *Lilium*

识别特征：

多年生草本；鳞片披针形；茎高 45~160 cm，有小乳头状突起；叶散生，上部叶腋间有珠芽；花喇叭形，白色；内轮花被片比外轮花被片宽，蜜腺无乳头状突起；花丝下部密被毛；花期 7~8 月，果期 10 月。

分布与生境：

产泸定县，生于海拔 1 100~1 500 m 的灌丛中或草地上。

西藏洼瓣花

***Lloydia tibetica* Baker ex Oliv.**

百合科 Liliaceae　洼瓣花属 *Lloydia*

识别特征：

多年生草本；具鳞茎；基生叶 3~10，茎生叶 2~3，向上逐渐过渡为苞片；花 1~5；花被片长 13~20 mm，黄色，内面下部或近基部两侧各有 1~4 个鸡冠状褶片；花丝除上部外均密生长柔毛；蒴果；花期 5~7 月。

分布与生境：

产康定、稻城、道孚、白玉、德格、石渠、雅江、理塘、甘孜、新龙等县（市），生于海拔 3 000~4 500 m 的林内、灌丛中、草地上或流石滩。

假百合

Notholirion bulbuliferum **(Lingelsh.) Stearn**

百合科 Liliaceae　假百合属 *Notholirion*

识别特征：

多年生草本；茎高 60~150 cm；基生叶带形，茎生叶条状披针形；总状花序具 10~24 朵花；苞片叶状；花淡紫色或蓝紫色；花被片长 2.5~3.8 cm；雄蕊与花被片近等长；花柱长 1.5~2.0 cm，柱头 3 裂；蒴果有钝棱；花期 7 月，果期 8 月。

分布与生境：

产康定、九龙、雅江、理塘、稻城、乡城、道孚、德格、丹巴、炉霍等县（市），生于海拔 2 600~4 300 m 的林内、灌丛中或草地上。

七叶一枝花

***Paris polyphylla* Sm.**
百合科 Liliaceae　重楼属 *Paris*

识别特征：

多年生草本；根状茎粗厚；叶（5~）7~10，叶形多变，常长圆形至披针形；外轮花被片绿色，内轮花被片常比外轮长；药隔突出部分长 0.5~1.0 mm；子房具棱，顶端具一盘状花柱基，花柱分枝粗短；花期 4~7 月，果期 8~11 月。

分布与生境：

产康定、泸定、九龙等县（市），生于海拔 2 000~3 400 m 的林内或灌丛中。

卷叶黄精

***Polygonatum cirrhifolium* (Wall.) Royle**

百合科 Liliaceae　黄精属 *Polygonatum*

识别特征：

多年生草本；茎高 30~90 cm，无毛；叶常 3~6 枚轮生，多细条形至条状披针形，先端拳卷；花序常具 2 朵花；花被片淡紫色，全长 8~11 mm；子房长约 2.5 mm，花柱长约 2 mm；浆果红色或紫红色；花期 5~7 月，果期 9~10 月。

分布与生境：

产康定、泸定、丹巴、九龙、巴塘、稻城、乡城、得荣、甘孜、白玉、德格、理塘等县（市），生于海拔 1 900~4 200 m 的林内、灌丛中、草地上或河沟边。

独花黄精

Polygonatum hookeri **Baker**

百合科 Liliaceae　黄精属 *Polygonatum*

识别特征：

多年生草本；植株矮小；叶几枚至10余枚，常簇生，基部者互生，条形、矩圆形或矩圆状披针形，先端不拳卷；花单生；花被紫色，长15~20（~25）mm，花被筒直径3~4 mm，裂片长6~10 mm；浆果红色；花期5~6月，果期9~10月。

分布与生境：

产康定、泸定、道孚、白玉、德格等县（市），生于海拔2 500~4 000 m的林内、灌丛中、草地上或河沟边。

高大鹿药

Smilacina atropurpurea **(Franch.) Wang et Tang**

百合科 Liliaceae　鹿药属 *Smilacina*

识别特征：

多年生草本；茎迴折状，具5~9叶，矩圆形或卵状椭圆形；圆锥花序；花白色，稍带紫色或紫红色；花被片下部合生成杯状筒，筒高1~2 mm；裂片卵状披针形或矩圆形，长2~4 mm；花柱长1.0~1.5 mm；花期5~6月，果期8~9月。

分布与生境：

产康定、泸定、稻城等县（市），生于海拔2 400~3 600 m的林内、灌丛中或草地上。

窄瓣鹿药

***Smilacina paniculata* (Baker) Wang et Tang**

百合科 Liliaceae　鹿药属 *Smilacina*

识别特征：

多年生草本；茎无毛，具叶 6~8，卵形、矩圆状披针形或近椭圆形；常为圆锥花序；花淡绿色或稍带紫色；花被片仅基部合生；花丝扁平，离生部分稍长于花药或近等长；花柱极短，柱头 3 深裂；花期 5~6 月，果期 8~10 月。

分布与生境：

产康定、泸定、稻城、九龙、道孚等县（市），生于海拔 2 400~3 600 m 的林内、灌丛中或草地上。

叉柱岩菖蒲

Tofieldia divergens Bur. et Franch.

百合科 Liliaceae **岩菖蒲属** *Tofieldia*

识别特征：

多年生草本；叶两侧压扁，长 3~22 cm，宽 2~4 mm；花莛高 8~35 cm；总状花序；花白色；花柱较细，明显超过花药长度；蒴果倒卵状三棱形或近椭圆形，上端 3 深裂约达中部；种子不具白色纵带；花期 6~8 月，果期 7~9 月。

分布与生境：

产康定、泸定、九龙、稻城、乡城、雅江等县（市），生于海拔 1 900~4 200 m 的林内、灌丛中或草地上。

延龄草

Trillium tschonoskii Maxim.

百合科 Liliaceae　**延龄草属** *Trillium*

识别特征：

多年生草本；茎丛生；叶 3，无柄，菱状圆形或菱形；外轮花被片绿色，卵状披针形；内轮花被片白色，卵状披针形；花药长 3~4 mm，短于花丝或与花丝近等长；浆果圆球形，黑紫色；花期 4~6 月，果期 7~8 月。

分布与生境：

产康定、泸定等县（市），生于海拔 1 800~3 100 m 的林内或灌丛中。

丫蕊花

Ypsilandra thibetica Franch.

百合科 Liliaceae　丫蕊花属 *Ypsilandra*

识别特征：

多年生草本；叶基生，条形；总状花序具几朵至二十几朵花；花梗比花被稍长；花被片白色、淡红色至紫色；雄蕊长10~18 mm，至少有1/3伸出花被；柱头小头状，稍3裂；蒴果长为宿存的花被片的1/2~2/3；花期3~4月，果期5~6月。

分布与生境：

产泸定县，生于海拔2 000~2 800 m的林内、灌丛中或河沟边。

金脉鸢尾

Iris chrysographes **Dykes**
鸢尾科 Iridaceae　鸢尾属 *Iris*

识别特征：

多年生草本；叶条形，无明显的中脉；苞片 3，绿色略带红紫色，含 2 朵花，花深蓝紫色；外花被裂片狭倒卵形或长圆形，有金黄色的条纹；内花被裂片狭倒披针形，花盛开时上部向外倾斜；蒴果；花期 6~7 月，果期 8~10 月。

分布与生境：

产康定、泸定、丹巴、九龙、理塘、稻城等县（市），生于海拔 2 400~4 000 m 的林内、灌丛中、草地上或河沟边。

锐果鸢尾

***Iris goniocarpa* Baker**

鸢尾科 Iridaceae　鸢尾属 *Iris*

识别特征：

多年生草本；根状茎短；叶条形，中脉不明显；花茎高 10~25 cm；苞片 2，向外反折，含 1 朵花；花蓝紫色；外花被裂片倒卵形或椭圆形，有深紫色的斑点，中脉上的须毛状附属物基部白色，顶端黄色；花期 5~6 月，果期 6~8 月。

分布与生境：

广布甘孜州各县（市），生于海拔 2 600~4 200 m 的林内、灌丛中或草地上。

葱状灯心草

Juncus allioides **Franch.**

灯心草科 Juncaceae 灯心草属 *Juncus*

识别特征：

多年生草本；基生和茎生叶各 1 枚，圆柱形，具明显横隔；叶耳显著；头状花序顶生，有花 7~25 朵；苞片 3~5，最下方 1~2 枚较大，在花蕾期包裹花序呈佛焰苞状；种子两端有白色附属物，锯屑状；花期 6~8 月，果期 7~9 月。

分布与生境：

产康定、泸定、九龙、稻城、乡城、雅江、道孚、甘孜等县（市），生于海拔 2 200~4 200 m 的林内、潮湿草地上或河沟边。

流苏虾脊兰

Calanthe alpina Hook. f. ex Lindl.

兰科 Orchidaceae 虾脊兰属 *Calanthe*

识别特征：

地生草本；叶 3，椭圆形或倒卵状椭圆形；总状花序，疏生 3~10 余朵花；苞片宿存，狭披针形；唇瓣浅白色，后部黄色，前部具紫红色条纹，与中部以下的蕊柱翅合生，前端边缘具流苏；蒴果；花期 6~9 月，果期 11 月。

分布与生境：

产康定、泸定等县（市），生于海拔 2 000~3 500 m 的林内、灌丛中或草地上。

剑叶虾脊兰

Calanthe davidii Franch.

兰科 Orchidaceae　虾脊兰属 *Calanthe*

识别特征：

地生草本；叶 3~4，剑形或带状，长 65 cm，宽 1~2（~5）cm，先端急尖，基部收窄，具 3 条主脉，两面无毛；苞片狭披针形，宿存，反折；花黄绿色、白色或紫色；唇瓣与整个蕊柱翅合生；花期 6~7 月，果期 9~10 月。

分布与生境：

产康定、泸定、丹巴、九龙等县（市），生于海拔 1 500~3 300 m 的林内、灌丛中或河沟边。

三棱虾脊兰

Calanthe tricarinata **Lindl.**

兰科 Orchidaceae　虾脊兰属 *Calanthe*

识别特征：

地生草本；假鳞茎圆球状；叶 3~4，椭圆形或倒卵状披针形；萼片和花瓣浅黄色；唇瓣红褐色，3 裂；侧裂片小，耳状或近半圆形；中裂片肾形，唇盘上具 3~5 条鸡冠状褶片，无距；花期 6~7 月，果期 9~10 月。

分布与生境：

产康定、泸定、九龙等县（市），生于海拔 1 900~3 000 m 的林内、灌丛中或草地上。

黄花杓兰

Cypripedium flavum **P. F. Hunt et Summerh.**
兰科 Orchidaceae　杓兰属 *Cypripedium*

识别特征：

地生草本；叶 3~6，叶椭圆形至椭圆状披针形；花序顶生，常具 1 朵花；花黄色，有时有红色晕，唇瓣上偶见栗色斑点；中萼片椭圆形至宽椭圆形；合萼片宽椭圆形；唇瓣深囊状，椭圆形，囊底具长柔毛；花果期 6~9 月。

分布与生境：

产康定、泸定、稻城、道孚、甘孜等县（市），生于海拔 2 600~3 800 m 的林内、灌丛中或草地上。

绿花杓兰

Cypripedium henryi **Rolfe**

兰科 Orchidaceae　杓兰属 *Cypripedium*

识别特征：

地生草本；叶 4~5；花序顶生，常具 2~3 朵花；花绿色至绿黄色；花瓣常稍扭转；唇瓣深囊状；花期 4~5 月，果期 7~9 月。

分布与生境：

产康定、泸定等县（市），生于海拔 1 800~3 000 m 的林内、灌丛中或河沟边。

离萼杓兰

***Cypripedium plectrochilum* Franch.**
兰科 Orchidaceae 杓兰属 *Cypripedium*

识别特征：

地生草本；叶3，椭圆形至狭椭圆状披针形；花序顶生，具1朵花；萼片和花瓣栗褐色或淡绿褐色，花瓣常有白色边缘，唇瓣白色而有粉红色斑；侧萼片完全离生；唇瓣深囊状，倒圆锥形，囊口周围具短柔毛；花期4~6月，果期7月。

分布与生境：

产康定、泸定、九龙、稻城等县（市），生于海拔2 000~3 600 m的林内、灌丛中或草地上。

西藏杓兰

Cypripedium tibeticum **King ex Rolfe**

兰科 Orchidaceae　杓兰属 *Cypripedium*

识别特征：

地生草本；叶 3，椭圆形、卵状椭圆形或宽椭圆形；花序顶生，具 1 朵花；花大，下垂，紫色、紫红色或暗栗色，常有淡绿黄色的斑纹；唇瓣深囊状，近球形至椭圆形，囊口周围有白色或浅色的圈，囊底有长毛；花期 5~8 月。

分布与生境：

产康定、泸定、道孚、德格、石渠、九龙、雅江、理塘、稻城、乡城等县（市），生于海拔 2 500~4 200 m 的林内、灌丛中或草地上。

大叶火烧兰

Epipactis mairei Schltr.

兰科 Orchidaceae　火烧兰属 *Epipactis*

识别特征：

地生草本；茎上部和花序轴被锈色柔毛；叶 5~8，卵圆形、卵形至椭圆形；花序顶生，具 1 朵花；花苞片不存在；花黄绿带紫色、紫褐色或黄褐色；下唇比上唇宽；唇瓣囊状，囊口前方有小疣状突起；花期 6~7 月，果期 9 月。

分布与生境：

产康定、泸定、巴塘、稻城、乡城、道孚、新龙、白玉等县（市），生于海拔 2 000~3 200 m 的林内、灌丛中或草地上。

小斑叶兰

***Goodyera repens* (L.) R. Br.**
兰科 Orchidaceae　斑叶兰属 *Goodyera*

识别特征：

地生草本；叶 5~6，卵形或卵状椭圆形，长 1~2 cm，上面具白色斑纹；总状花序；花小，白色或带绿色或带粉红色；萼片长 3~4 mm，背面被腺状柔毛，中萼片卵形或卵状长圆形；唇瓣卵形，基部凹陷呈囊状，内面无毛；花期 7~8 月。

分布与生境：

产康定、泸定、道孚等县（市），生于海拔 2 500~3 800 m 的林内、灌丛中或草地上。

沼兰

Malaxis monophyllos **(L.) Sw.**

兰科 Orchidaceae　沼兰属 *Malaxis*

识别特征：

地生草本；假鳞茎卵形，长 6~8 mm；叶 1~2；花淡黄绿色至淡绿色；唇瓣先端骤然收狭而成线状披针形的尾（中裂片）；唇盘近圆形、宽卵形或扁圆形，中央略凹陷，两侧边缘变为肥厚并具疣状突起，基部有短耳；花果期 7~8 月。

分布与生境：

产康定、泸定、丹巴、稻城、乡城、白玉、理塘、石渠等县（市），生于海拔 2 200~3 900 m 的林内、灌丛中、草地上或河沟边。

短梗山兰

Oreorchis erythrochrysea **Hand.-Mazz.**

兰科 Orchidaceae　山兰属 *Oreorchis*

识别特征：

地生草本；假鳞茎宽卵形至近长圆形，具 2~3 节；叶 1，狭椭圆形至狭长圆状披针形，长度为宽度的 5~10 倍；花黄色，唇瓣有栗色斑；唇瓣近中部或下部 2/5 处 3 裂，唇盘上在 2 裂片之间有 2 条很短的纵褶片；花期 5~6 月。

分布与生境：

产康定、稻城、泸定、九龙、乡城、道孚等县（市），生于海拔 2 600~4 000 m 的林内、灌丛中、草地上或河沟边。

独蒜兰

Pleione bulbocodioides **(Franch.) Rolfe**

兰科 Orchidaceae　独蒜兰属 *Pleione*

识别特征：

半附生草本；假鳞茎卵形至卵状圆锥形；叶 1，狭椭圆状披针形或近倒披针形；花粉红色至淡紫色；唇瓣倒卵形或宽倒卵形，有深色斑，上部边缘撕裂状，基部楔形并多少贴生于蕊柱上，具 4~5 条褶片；蕊柱长 2.7~4.0 cm；花期 4~6 月。

分布与生境：

产康定、泸定、稻城、丹巴、九龙等县（市），生于海拔 1 600~3 600 m 的林内或灌丛中。

绶草

***Spiranthes sinensis* (Pers.) Ames**

兰科 Orchidaceae　绶草属 *Spiranthes*

识别特征：

地生草本；植株高 13~30 cm；叶 2~5，宽线形或宽线状披针形，长 3~10 cm；总状花序，花紫红色、粉红色或白色，呈螺旋状；唇瓣宽长圆形，唇瓣基部凹陷呈浅囊状，囊内具 2 枚胼胝体；花期 7~8 月。

分布与生境：

广布甘孜州各县（市），生于海拔 1 500~3 800 m 的林内、灌丛中或草地上。

中名索引
Index to Chinese Names

拉丁学名索引
Index to Scientific Names

A

C

M

N

O

P

R